iHuman

成
为
更
好
的
人

NATIONAL GEOGRAPHIC

深蓝SOS：

我们和海洋在一起

THE WORLD IS BLUE:
How Our Fate and the Ocean's Are One

[美]西尔维娅·A. 厄尔　著
吕雅鑫　吴文智　译

GUANGXI NORMAL UNIVERSITY PRESS
广西师范大学出版社
·桂林·

SHENLAN SOS:WOMEN HE HAIYANG ZAI YIQI
深蓝 SOS：我们和海洋在一起

图书在版编目（CIP）数据

深蓝 SOS：我们和海洋在一起 /（美）西尔维娅·A. 厄尔（Sylvia A. Earle)著；吕雅鑫，吴文智译. —桂林：广西师范大学出版社，2020.7

书名原文: THE WORLD IS BLUE:How Our Fate and the Ocean's Are One

ISBN 978-7-5598-2572-8

Ⅰ. ①深… Ⅱ. ①西… ②吕… ③吴… Ⅲ. ①海洋－普及读物 Ⅳ. ①P7-49

中国版本图书馆 CIP 数据核字（2020）第 017646 号

广西师范大学出版社出版发行
（广西桂林市五里店路 9 号　邮政编码：541004
网址：http://www.bbtpress.com）
出版人：黄轩庄
全国新华书店经销
广西广大印务有限责任公司印刷
（桂林市临桂区秧塘工业园西城大道北侧广西师范大学出版社集团有限公司创意产业园内　邮政编码：541199）
开本：880 mm × 1 240 mm　1/32
印张：9　　字数：210 千字　　图：49 幅
2020 年 7 月第 1 版　　2020 年 7 月第 1 次印刷
定价：58.00 元

如发现印装质量问题，影响阅读，请与出版社发行部门联系调换。

关于作者

西尔维娅 · A. 厄尔（Sylvia A. Earle）被《纽约客》和《纽约时报》尊称为“深海女王”（Her Deepness），被美国国会图书馆赞誉为“活着的传奇”（a Living Legend），被《时代》杂志评为“首位星球英雄”（the First Hero for the Planet）。她是一名海洋学家、探险家、作者、演讲家，是美国国家地理学会驻会探险家、可持续性海洋

探险活动负责人，是位于得州农工大学科珀斯克里斯蒂分校墨西哥湾哈特研究所主席，是深海探险基金会创建人、谷歌地球海洋事务咨询委员会主席，曾就任美国国家海洋和大气管理局首席科学家。她先后创办了三家实体机构，其中包括深海探险和研究事务所（即：多尔海洋工程公司）。她还曾兼任多家企业的执行董事，其中包括德莱赛工业公司、科尔-麦吉公司、奥瑞克斯能源公司以及海底工业公司。她在圣彼得堡学院和佛罗里达州立大学获得学士学位，之后在杜克大学获得硕士和博士学位，同时荣获17个荣誉学位。

作为一名作家及演说家，她撰写并出版了170余篇作品[1]，在全球70多个国家和地区发表演讲并受邀出席许多广播和电视节目。厄尔主要从事海洋生态系统的研究和保护，她特别关注海洋藻类以及利用新技术潜入深海进行研究。迄今为止，厄尔已领导全球100多次海洋探险并记录下7 000多个小时的水下探险日志，其中包括9次饱和潜水和多次载人潜水器潜水。她还兼任多个组织的执行董事，其中包括伍兹霍尔海洋研究所、莫特海洋实验室、罗特格斯大学海洋科学研究所、美国自然保护基金会、阿斯彭研究所、海洋未来保护组织、美国河流协会、海洋保育协会以及海洋保护生物研究所。同时厄尔还是自然荧幕影展的赞助者，是美国国家公园第二世纪科学委员会副主席，也是阿斯彭研究所北极气候变化委员会的一员。

她已荣获100多项国家及国际荣誉，其中包括入选美国国家女性名人堂（National Women’s Hall of Fame），获得荷兰方舟奖（The Netherlands Order of the Golden Ark）、澳大利亚班克西亚奖（Australia’s Banksia Award）、意大利普雷米奥艺术奖（Italy’s Premio

---

1　截至本书英文原版2009年出版之时。——编者注

Artiglio Award）。她还曾获得探险者俱乐部和女性地理学家协会等机构授予的荣誉勋章。2009年她获得了TED 大奖（TED Prize）、奥杜邦协会颁发的蕾切尔·卡森奖（Rachel Carson Award）、蓝色海洋电影终身成就奖（BLUE Ocean Film Lifetime Achievement Award），并入选国际妇女论坛（International Women's Forum）。

目录

三、一切就绪：行动正当时

前言

如果说大多数人对海洋有一个共识的话，那就是海洋真大。由于陆地上每天都发生着太多的事件分散了我们的注意力，因此，我们一般很难会经常想起海洋，不过只要一经提起，我们的脑海中就会立即浮现诸如“苍茫”“浩瀚”和“无边无际”之类的语汇。

和其他人一样，西尔维娅 · A. 厄尔也了解海洋的浩大，但她总是尽量地帮助人们消除对浩瀚海洋的畏惧。她在这方面的主要做法有两种，这两种做法在这本经典好书里都有详细叙述。第一种做法是向人类展示一个充满生命力的海洋——提醒人类，海洋里的生物几乎是无穷尽的，而且有些生物仅仅只有厄尔和少数人见过。当然，陆生生物中同样也还有相当多的物种仍未被发现，人类现在对陆生生物了解到的也就是诸如甲虫、长有羽毛的物种、类蜥蜴爬行动物等这样一些基本物种。不过，在海洋中还有着更多我们闻所未闻、见所未见的生物，比如有种鱼会利用头顶自带的发光器吸引猎物；再比如，有一种大家伙，像鲸那样大到让你难以想象，他们看起来与鲸并非一类，却又那么的相似。厄尔不但是位大科学家，她还是雅克 · 库斯托[1]的继任者，她引导我们进入神秘的海底世界，让我们既惊讶又舒心。

她的另外一种做法是帮助我们了解海洋疆域的大小，不过，在这方面就让人感觉到了有些悲观。一方面，西尔维娅 · A. 厄尔通过这

1　世界最著名的海洋探险家之一，生态学家、电影制片人、摄影家、作家、海洋及海洋生物研究者，法兰西学院院士，以广泛的海底调查而闻名。——译者注

一方式告诉我们海洋非常的大，但同时，又揭示海洋还没大到任人怎么折腾也无法摧毁的地步。她指出，现在几乎所有的大河入海口都成了死亡地带，一些巨大的塑料环流正在缓缓不断地流入各大海洋。令人惊讶的是，人类已成功使用各种技术来发现生活在黑暗深海区域的大部分体型较大的鱼。人类还融化了广袤的北极洋冰；使臭氧层开了洞，让紫外线照射了进来；减少了南极磷虾的数量。十年前人们意想不到的现象正在成为事实：人类甚至改变了海洋的pH值，向大气中排放大量二氧化碳，导致大气气体很快具有酸性和腐蚀性。

因此，我们的任务是用理智和情感、理性和热情守护此次“护卫海洋之旅”所带来的荣耀，鼓励人类切实采取一些行动。这些行动既包含个人的行为，比如大家在寿司菜单上点黑鲔鱼之前不妨三思；同时，也应该有政府参与，因为仅凭个人力量无法逐步将海洋pH值变回应有的数值。

西尔维娅 · A. 厄尔充满激情的生活，以及她所撰写的这本富有感召力的书，正在呼吁人类保护海洋。我们必须采取行动。尽管西尔维娅 · A. 厄尔能干又尽责，但仅凭她一人之力是无法拯救海洋的。尽管海洋非常大，但是它就环绕在全人类居住地周围；虽然有人住在离海1000英里[1]的内陆，但从天而降的雨水正来源于海洋，人类所用的每一滴水最终都将汇流入海。因此，接受21世纪关键性的挑战——保护海洋，不仅是全人类的责任，更是一件皆大欢喜的事。

——比尔 · 麦吉本

美国环保主义者、畅销书《自然的终结》（*The End of Nature*）和《深度经济》（*Deep Economy*）作者

1 英美制长度单位，1英里合1.6093公里。——编者注

序

为什么要关心蓝色心脏？

没有爱，人们仍可存活；没有水，无人能够存活。

——W. H. 奥登

如今，“绿色”问题已成为头条新闻，但很多人似乎还没意识到如果没有“蓝色”，那么地球上就根本不会有绿色，也不会有生命，因此也就不会有人类所珍视的其他一切。海水既然是蓝色的，那也就意味着，蓝色就是生命的源泉。有了水，一切皆有可能；没有水，生命将不复存在。在其他星球寻找生命的科学家最关注的问题是：找到水。太阳系内的大多数天体都有水，只不过有些水是火山岩石溶解的喷出物或是氢气和氧气遇热变成蒸气后凝结而成的。彗星主要由岩石和水组成，但它实际上是个脏雪球。木星的冰月木卫二（欧罗巴）似乎有大量的冰冻水，甚至在冰下数千米也可能存在液体。

最近科学家已经证实火星上有水，而且这颗红色星球曾经可能是蓝色的，可能有过一片海洋，但一切早已不复存在。宇宙中拥有得天独厚丰富水资源的星球仅有地球。地球不仅是唯一一个有咸水海洋的星球，更重要的是，地球的海洋里有各种各样的生物，在约40亿年的时间内，这些生物反过来形成了地球上基本的岩石和水，这使地球明显不同于其他已知的星球。

天文学家卡尔·萨根指出，即使从很远的地方看它是一个黯淡的点，地球也是可分辨的蓝色。近距离看，轻盈的蓝色变成奇特的，富含氧气、水蒸气的大气层。地球外部的大气层在接近地球表面处密度最大，随着向外的延伸，大气层逐渐变得越来越稀薄，直到1 000千米（620英里）处以上融入外太空。在1 000千米以下，大气层与海洋紧密交汇，海洋环绕大大小小所有的陆块。从轨道航天飞机往外看，地球上的陆地看似漂浮在晶莹透亮的水蓝色怀抱里。现在已知海洋占地表面积为331 441平方千米（127 970平方英里），且海洋平均海底深度超过4千米（2.5英里），最大深度达11千米（7英里）。

“如果海洋明天就干涸了，那我为什么还要在乎它？”一位不羁的澳大利亚记者在1976年提出了这一问题，他的话让我意识到海洋在很远的未来可能会干涸，这一认知令我甚是痛苦。想象一下没有海洋的地球！表面上看起来人类失去的只是一层咸水，但实际上，没了海洋这一生命之源——极地冰、湖泊、河流和地下水的淡水也全部会随之消失。一同消失的，还有地球上所有的生命。生物可以在缺乏很多东西的情况下生存，然而正如天文学家克里斯托弗·麦凯所言：“唯有水是生命不可或缺的物质。”

但是对于海洋生物，尤其是光合细菌，地球大气成分可能和火星最相似，火星大气中的二氧化碳含量超过95%。在35亿年前，也就是早在苔藓、蕨类植物、树木和花卉出现之前，微生物在那时就生成了氧气，产生了现在被人类忽视的大气层。微生物仍在产氧。如果没有这些先于人类存在的微生物，如果地球上没有微生物的后代给人类供氧，那么，我们所知的生命也就不可能存在。

但这并不是人类应该关心蓝色心脏的唯一原因。

海洋可以稳定并调节天气、气候、温度，从大气中吸收大量的二氧化碳，海洋里的水量占全球水量的97%，且海洋生物圈占地球总生物圈的97%。无疑，海洋中的生物种类最丰富最具有多样性，丰富多样的生命占据了阳光照射的海洋表面到大海最深处的整个海洋空间。即使在海底，数千米深的缝隙里也有着大量耐寒微生物，这些微生物通过化学合成（在没有阳光的环境中从周围矿物质获得能源的过程）蓬勃生长。海洋影响地球的化学反应，从海洋蒸发出来的水蒸气被气流带到陆地上空，凝结为雨、雹、雪落到地面，一部分被蒸发返回大气，其余部分不断补给河流、湖泊和地下水。

不管你生活在地球何处，即使你从来没有机会看到或接触过海洋，但你呼吸的每一口空气，饮用的每一滴水，吃的每一口食物都让你与大海联系在一起。每个人、每个地方都和海洋有着紧密联系，都依赖海洋而生存。

早在20世纪90年代，我就听曾执行过编号STS-5和编号STS51-A航天飞行任务的专家约瑟夫·艾伦说过，受训中的宇航员们已经把“尽己所能了解生命维持系统”的必要性铭记于心，然后尽一切可能保护该系统。训练站里有一张多年前阿波罗计划中拍摄的地球照片。艾伦指着照片意味深长地笑着说道：“这，就是生命维持系统。我们需要学习有关地球的一切，并尽己所能保护地球。”

然而，地球的生命维持系统——海洋——正在衰退，可有谁在关心这个问题呢？纵观历史，人类一直都认为大部分蓝色海洋世界是可征服、可驯服的，或是认为海洋在不同时期具备在当时看起来似乎有意义的其他用途。人类一贯认为海洋非常大，恢复力很强，所以不管我们从海洋里开采多少资源或向海洋中排放多少废物对海洋而言都无关紧要。

但20世纪发生的这两件事动摇了人类的想法，让人类有了新思考。

第一件事是，比起以往任何时期，人类对海洋本质有了更多发现，也更多地了解到海洋和世界的相关性。第二件事是，与以往相比，同样是短短一段时间，人类行为却给海洋生态系统造成了更大的破坏。且上述两件事的发生速度都在加快。

现在看来，很明显在20世纪之前，即使不是故意的，人类也已经因大量捕捞鱼类、哺乳动物、鸟类、海龟、龙虾、生蚝和其他海洋生物，极大地改变了海洋资源的基本属性。

排入大气里的有毒物质最终会以各种方式进入海里，进一步导致海洋环境恶化。甚至早在雅克·库斯托1953年出版《沉默的世界》（*The Silent World*）一书[1]之前，向海域倾倒的废弃物、大量化肥和农药就已经对海洋造成严重危害。而且自那时起，随着地球总人口增加至半个世纪前的两倍多，随着可开发未勘探地的新技术的出现，海洋生物总量下降速度已大大加快。

请细想：

· 自20世纪中叶以来，人类往海里倾倒数亿吨废物已导致数亿吨海洋野生动物死亡。

· 自20世纪50年代以来，已有90%过去常见的鱼类被捕捞；95%其他种类的鱼，包括蓝鳍金枪鱼、大西洋鳕鱼、美洲鳗和某些鲨鱼已被捕杀。法律至今仍允许捕捞上述海洋生物。

· 毁灭性的捕鱼技术——拖网、延绳钓、跨礁耙网——不仅持续过度捕捞海洋生物，而且破坏了生物栖息地，数亿吨生物被杀死后遭到随意丢弃。每年工业化捕鱼都会大肆捕杀成千上万的海洋哺乳动

---

1 1956年，根据《沉默的世界》这本书拍成的纪录片获得戛纳电影节金棕榈奖。——译者注

物、海鸟和海龟，以及数亿鱼类和无脊椎动物。

· 自20世纪50年代以来，全球半数的浅海珊瑚礁或已经消失，或正急剧减少；加勒比海80%的浅海珊瑚礁已经死亡。

· 深海珊瑚礁正在被新的深海拖网技术破坏，该技术目的不过是要捕获几十岁甚至上百岁的鱼，但被破坏的却是珊瑚具有千年的历史。

· 近几十年来，沿海地区已形成四百多个“死亡地带”，且数量不断增加，形成速度不断加快，这引发了海洋化学的恶化。

· 和陆地一样，全球变暖和其他气候变化正在影响海洋系统和海洋生物，这些影响反过来会干扰大气层和陆地系统。作为地球气候和天气的主要调节器，海洋变化会影响全球。

· 海水pH值——测量海水酸碱度的一个指标——正在下降，原因是海洋中二氧化碳含量增加，二氧化碳遇水变成碳酸，使海洋酸性增强。海水酸化对珊瑚礁、软体动物和住在珊瑚礁里的浮游生物影响最大，而且它会影响所有海洋生物。

· 人类对于海洋给每个人、每个地方、每个时刻所带来的影响知之甚少，而这普遍的无知影响深远——也许这才是最大的麻烦。实际上，只有5%的海洋进入了人类视野，而被人类探测过的则更少。即使是科学家所知的事情也尚未得到公众和大部分制定政策的官员的认同。

那么，海洋为什么如此重要呢？

当然，海洋与海洋资源的经济用途有关，比如提取石油、开采天然气、矿产，获得淡水和野生动物资源，以及运输、旅游业、房地产开发等其他经济用途。

海洋与健康问题有关。包括霍乱在内的水源性疾病正在增加，这与沿海污染及沿海水域大量繁殖的有毒藻类有关；还包括市民因食用含汞、含其他污染物的海洋野生动物引起的疾病。

海洋与国家安全有关。各国对海洋权益的竞争愈演愈烈，这包括：军事应用、停靠港口、渔业、人员和货物运输。

但海洋之所以如此重要，最关键的原因是人类生命依赖于海洋——不仅只是依赖于岩石和水，还依赖于稳定的、有循环修复能力的、多样的生命系统，这一系统有利于稳定人类生存的环境。

最棘手的问题是：我们要付出怎样的努力才能保护人类赖以生存的蓝色心脏?

心语

繁星闪耀的夜里，有时我们会审视自己，审视世界
——死亡的朝圣者，穿越时空的永恒海洋。

——亨利·贝斯顿《遥远的房屋》（*The Outermost House*，1928）

我听到翻滚呼啸的浪潮声正向我涌来，卷起的海浪是我身高的两倍。巨浪击中我，把我击倒在沙滩上，我嘴里灌满了咸咸的海水和泥沙。被浪潮卷进大海时，我无法呼吸、无法站直。我所能想到的只有空气！当海水突然退去，麻木的寒战紧紧攫住我，我的十个脚趾头牢牢抠住地面。随后我站了起来，尽管全身湿透却很兴奋。母亲的下半身浸在海水里，她想把我拉到岸边，但看到我乞求的眼神，母亲松开了拉着我的手，当我冲向下一个浪潮时，她没阻止我，真是我的好妈妈！那是1938年，在新泽西州的海滩上，我爱上了大海。那年，我三岁。

海浪吸引了我的目光，但更重要的是它让我的一生与大海紧密相连，也让我每个夏天都能见到成千上万爬上岸的马蹄蟹，它们不同于我在陆地上见过的其他动物。马蹄蟹圆乎乎的身体呈褐色，富有光泽，被硬质甲壳包裹，它体型和洗碗盆一样大，有很多条腿，还有一条长长的尖尾巴。我很担心那些爬向沙滩高处、远离海洋的马蹄蟹会死掉，所以我花了很长时间捡起它们，然后再把它们放回海里，那时

我不知道马蹄蟹其实是想上岸在湿沙地受精并产卵，然后返回海底。在过去的几亿年里，马蹄蟹都是这样繁衍后代的；但我现在知道，只不过经历了短短的一个世纪，在人类的影响下，大部分马蹄蟹和其他成千上万古老的、适应能力强的生物很可能将无法存活。更令人担忧的是，人类可能也将无法生存太久，除非我们用超凡的能力吸取过去的经验，预见后果，并采取行动，以确保人类能拥有长远的未来。事实证明，海洋的未来、海洋生物的未来和人类的未来，这三者息息相关，紧密依存。

从外太空归来的宇航员，他们在无边无际的宇宙中看到地球泛着蓝色的光芒，使得他们对海洋的认识有了极大的转变。同样地，经过多年用心用眼看世界，我的认识也有了转变。起初，我在墨西哥湾的入海口和近海水域潜水探险；后来，我带领全球探险者和体验者在未经勘探的水域数千次潜水探险。1952年，我第一次潜水，见到了加勒比僧海豹，当时光顾着高兴，并没有意识到那是人类最后一次见到这种动物。这种动物过去在墨西哥湾、加勒比海、巴哈马可是很常见的。年轻的我当然不知道全球海洋正处于灾难性衰退边缘，也不知道儿时熟悉的那片原始海洋正逐步沦为失乐园。不知情的并非只有我，蕾切尔·卡森也不知情。卡森因其1962年的经典之作《寂静的春天》（*Silent Spring*）而闻名，她在1951年的《海洋传》（*The Sea Around Us*）中写道：“人类最终……会以自己的方式回归大海的怀抱，但人类只能是按照海洋提出的条件回归母亲之海。人生在世短短几十年，人类不能再像征服和掠夺陆地那样去控制和改变海洋。”

20世纪中叶占全球主导地位的政策和观点认为——不管人类从海洋获得多少资源或往海洋倾倒多少废弃物，海洋应该都能保持稳定。但现有证据表明海洋资源是有限的：由于人类的过度捕捞和大规模使用破坏性技术，很多大型鲸鱼和其他海洋哺乳动物、海龟和鸟类，以及鳕鱼、鲱鱼、鳐鱼、牡蛎、蛤和许多其他海洋野生动物的数量也大大减少。坚持海洋有无限资源的政策制定者所采取的鼓励举措加快了海洋生物和矿产减少的速度，导致海洋物种灭绝并破坏了海洋生态系统，同时也让海洋沦为垃圾总站。

现在，半个世纪过去了，人类知道自己错得有多离谱了。

我儿时常见的鱼90%现已消失，把这些鱼吃进肚子里的食客们可能没想到有生之年竟会亲眼看到自己钟爱的野味消失，比如金枪鱼、箭鱼、龙虾和螃蟹。许多沿海地区已形成低氧死亡地带，这主要是上游农田、农场和私人花园过量使用化肥和有毒化学物质引起的。如今，海滩、珊瑚礁，甚至连公海都堆满了塑料碎片。

现在人类知道了。

最令人担心的是人类活动所排放的过量二氧化碳带来了双重危害：二氧化碳是全球变暖和气候变化的罪魁祸首，而且二氧化碳一遇海水会生成碳酸，从而导致大规模的海洋酸化。有悖常理的是，自然生命系统经过数十亿年才形成一个适合人类居住的地球，人类却以惊人的速度在摧毁它。

这一点，现在人类也知道了。

既然大家都已知道，那么我想向人们传递一种紧迫感，激发人类特有的力量采取行动保护现有资源，竭尽所能使得给予人类生命、提供人类基本物质资料的自然生命系统得以恢复。

阳光下的杰克鱼风暴，摄于伯利兹海域

一、愿景：

海洋资源无限，生生息息代代传

南极海域捕捞的鲸鱼残骸

捕杀海洋中的哺乳动物

❶

究竟是因为捕鲸船桅顶上的人几乎是无所不知的守望者，
他们一会儿长驱直入白令海峡，一会儿又冲进世界最荒僻的角落；
还是因为无数的标枪和捕鲸枪掷遍各处海岸；
值得讨论的是，
白鲸利维坦是否能够经受得起捕鲸者的穷追猛击和无情捕杀，
又或者，最终它一定不会从海里绝迹。

——赫尔曼·梅尔维尔《白鲸》（*Moby-Dick*，1851）

让我回想一下1900年的世界，我的父亲就出生在那一年。

那时的人类在体力、智力和社交方面与现在大同小异。但是在城市、农场和公路出现之前，世界上并没有汽油动力推土机、拖拉机或链锯可以用于开发自然资源；没有人到过北极或南极；没有连接大西洋和太平洋的运河；人类尚未收听到第一次无线电广播；鲜少有家庭配备电力装置，更别说拥有发光的电视和台式机屏幕。1901年，在得克萨斯州博蒙特发现的石油引发了一场能源革命。铁路网覆盖全国各地，但柏油路面和机动车辆相对较少；塑料制品十分罕见；有些人梦想人类能登陆月球，但莱特兄弟试飞尚未成功；两次世界大战尚未爆发，被用于挑起战争或维护和平的核能也还没出现。

那时地球上的总人口比现在少得多，甚至不到现在总人口的四分之一。美国人口约7 600万，而中国位居第一，总人口超过4亿。世界上人口最多的城市是伦敦，拥有650万居民。

当时，许多人认为，海洋有取之不尽的鱼类、鲸和其他野生动物。尽管事后想来，有很多证据表明海洋资源并非用之不竭，不过有些人仍有这种想法。近岸水域的鲸、海象、海豹、多种鱼类及当年欧洲殖民者首次来北美洲享用过的美味贝类动物已大量减少，有些动物已经灭绝了，比如大西洋灰鲸。与17世纪沿海水域海洋生物的丰富性和多样性相比，现存的生物数量只是九牛一毛。虽然对有些人来说，我们今天所见的一切都是常态，仿佛今日重现了昔日的一切真实面目，但实际上如今的生物总量相比往日微乎其微。

吃遍食物链

事实上，在20世纪之前的一万年里，人类已逐渐削弱自然世界，与此同时，人类以一种大多数动物所熟悉的方式谋生——食用植物和动物。狩猎和采集深深扎根于人性和人类文化，在人类历史的大部分时间里，这是人类生存的基础。简单的数学运算表明要想成为成功的掠食者，关键是消费者要少于生产者。消费者寿命越长体型越大所需的能量越多，寿命、体型和能量成正比关系。狼要吃足够多的小鼠和家兔，小鼠和家兔需要吃大量的种子和草；鲨鱼需要吃足量的小鱼，小鱼需要吃很多的小植物。事实证明，人类生存需要消耗的能量相当大。

美国生物多样性之父爱德华·威尔逊在其力作《生命的未来》（*The Future of Life*）中指出人类取得的成功是如何以牺牲自然为代价的：

人类……吃遍食物链。最早的时候人类吃大型、行动缓慢的美味动物。作为全世界的通用规则，不论人类到了哪片处女地，那里的大部分巨型动物很快便会消失。注定消失的还包括大量容易捕获的地面鸟类和海龟。较小较敏捷的物种曾经也处于消失的名单中。

在智人出现之前，从未有物种如此全方位地消耗自然界来获取粮食、水、矿物质，以作为建设和运转文明社会的巨大基础设施所需的材料。贾雷德·戴蒙德在《崩溃：社会如何选择成败兴亡》（*Collapse: How Societies Choose to Fail or Succeed*）一书中记载了人类社会相对成功和失败的模式都取决于人类对生活环境的敏感度。在人类到达遥远且多巨石的复活节岛的数百年内，每一棵树和在其上筑巢的海鸟都被一个本质上自产自销的社会耗尽了。生机盎然的环境固然有利于社会、国家及其文明的发展，但最重要的还是生活方式，也就是要维护这个支撑所有生命的自然系统。

戴蒙德观察到："不管经济发展依赖于哪一种资源，耕地、草原或植被、渔业、捕猎、收集植物或小动物——社会都存在过度开发现象，只不过有些社会改变方法以避免过度开发，有些社会未转变方法依然继续过度开发。"戴蒙德的话不仅在复活节岛适用，甚至在全球范围内都适用。

早在1900年之前，陆地上显然没有足够的野生植物和动物能维持数十亿人口的生存。那时世界上大多数人摄取的大部分热量已经从免费捕获的野生动物转变为少数自己种植的作物（玉米、小麦、水稻）和一些驯养动物（绵羊、山羊、牛、猪、鸡、鸭，在中国，还包括某些种类的淡水鲤鱼）。25万种开花植物中约有100种可被种植，约有

20种鸟类、哺乳动物和鱼类也可以经过驯养作为人类的食物。

但是，依靠人工养殖供给食物并未能阻止人类继续捕杀野生动物。那时仍有猎人捕杀鸭、鹅和小型哺乳动物到市场贩卖，而一些群体则主要依靠野生动物——“丛林肉”——作为食物来源，即便现在也还有人这么做。仍有很多人把如此多“免费”的鸟类和其他陆生野生动物拿到市场上交易——卖肉、卖皮毛、卖羽毛，也可能把它们用于人类特有的冒险精神——“杀趣”，保护野生动物的法律在这种情况下逐渐出现。但法律制定得太晚了，没能保护到更多物种，其中包括候鸽。据说在一个世纪前候鸽是这个星球上最常见的鸟，约有40亿只，最后一只野生候鸽于1900年被打死。1991年，《国家地理》杂志报道了一则关于非洲的悲伤故事：“事实上，在那些对自然史感兴趣的人类头脑中，全世界处于灭绝边缘的野生动物正被强行送回它们的家园放养……该情况是人类长期以来无情捕杀各种动物引发的悲剧……”

同年，美国通过了第一项《濒危物种法》，又称《雷斯法案》，确定跨州杀害（濒危）野生动物是违法行为，但这些规则并不适用于长鳃和长鳍的野生动物。此外，美国、加拿大、澳大利亚、新西兰、日本和其他国家及地区已采取行动建立国家公园并规划特定区域，旨在保护逐渐消失的自然、文化和历史遗产。

猎杀海洋哺乳动物

保护野生世界和野生动物并非是完全无私的行为。完整的生态系统和相对稳定的野生动物数量在经济、健康和安全方面的利益已越来越明显。奇怪的是，虽然人们越来越意识到保护野生动植物和野生生态系统的重要性，对人类遗产具有重要意义的地方也在随着人类的重视而不断增加，但对海洋的态度却截然不同。拜伦男爵19世纪初表达的观点在20世纪依然盛行：

> 翻滚吧，深邃幽暗的海洋
> 一万艘战舰在你身上徒劳无益地掠过
> 人类给大地撒下毁灭的印记，但他的统治
> 却在你的岸边终止

（黄宏煦／译）

拜伦或两个世纪以前的人竟然认为人类不具备影响海洋的能力，或认为从自然系统中摄取的任何东西都是免费的。尽管已有明确的证据表明，海洋里“又大又慢且美味”的动物——鲸鱼、海象、海豹、海鸟、海獭、鳕鱼，甚至一些小的鱼种数量已急剧下降，但人类认为海洋能免费无限地提供食物和物资的观念根深蒂固。早在公元1000年前鳕鱼就生活在北大西洋区域的国家，但在公元1800年鳕鱼已在欧洲海域绝种，然而，大西洋西部相对未开发的地区却吸引了千里之外的渔民。当时渔民经常争论捕鱼的权利归谁所有，争论哪里可以捕鱼，这些争议至今仍未停止。

许多人对鱼类、牡蛎、龙虾和其他海洋生物的过去、现在和未来持冷漠态度且不予关注，但这一切恰恰是以后需要重视的。那么，我们的好同胞哺乳动物又当如何？牛、羊、猪和其他养来吃的动物都是植食动物，它们在出生后1~2年就被拉到市场上卖掉。动物的年龄越老，对食宿要求越高——一般情况下，一岁的母牛每增重一磅约需增加20磅的食用草料。

海牛和儒艮是大象的水族近亲，它们都是食草动物，但海牛和

儒艮发育较慢，寿命一般在50岁以上。供养海牛长一磅肉的草料能塞满一间房子。其他海洋哺乳动物——海豹、海狮、海獭、海豚、海象——寿命可达四五十年；鲸鱼寿命甚至可达一百年（有的还可超过两百年）。这些都是食肉动物，它们每长一磅肉都需要吃几千磅的光合生物，光合生物处于复杂的食物链终端，绝大多数都是微小、快速增长的浮游生物。所有从大气中获取和储存碳的物种，包括我们人类，应该注意：每一种生物不管是微小浮游生物还是50磅重的金枪鱼或是50吨重的鲸鱼，都是以碳为生存基础的，海平面下保存有大量的“碳能源”，随着时间的推移，碳储存在大量的深海沉积物里，这些沉积物由数万亿大大小小动物的贝壳、鳞片、身体、骨骼组成，有些属于肉眼不可见的微小生物，有些是超大型动物。

加拉帕戈斯海狮在打量观察员

农民早就知道饲养大型且年老的食肉动物作为食物来源带不来经济效益。如果把生态系统成本放在资产负债表上看，你会发现从海里捕捞大型且年老的肉食动物作为食物来源也没有经济效益。

1900年之前，海洋哺乳动物遭受大肆捕杀的现象现在仍在发生，这说明了海洋资源的无穷性和生物强大的恢复力，尽管当今人类已经没必要捕杀野生动物作为食物来源，尽管人类已经深刻地意识到保持生物物种多样性和生物系统完整性的重要性，但是在海洋哺乳动物数量急剧下降之后的很长一段时间，人类的捕杀行为仍在继续，这也反映了深深根植于人类基因的狩猎本性难改。

截至1900年，全球范围内所有海洋哺乳动物数量已大大减少。世界各地捕杀海豹、海狮、海象、海牛、儒艮、海獭和北极熊，目的是为了获取肉、皮毛和其他商品。1741年，德国博物学家乔治·威廉·斯特拉在北极司令群岛发现了数量极少的大海牛（又名巨儒艮或斯特拉海牛）。地球上曾经有很多大海牛，但原住民狩猎已导致大海牛数量剧减，所剩无几的大海牛在1768年也因遭受人类的大肆捕杀而最终灭绝。曾在18世纪出现过的其他动物在20世纪仍存在，但有几个物种也濒临灭绝。北象海豹因其鲸脂而被大量猎杀至灭绝的边缘，在19世纪70年代一度被认为已经灭绝。19世纪末，人类在下加利福尼亚州和瓜达卢佩岛发现了少量的北象海豹，但人类要么捕杀这些北象海豹以获取油脂，要么把它们制成珍贵的标本放在博物馆里。可能有多达一百头的北象海豹到墨西哥的瓜德罗普岛避难，并于1922年受到墨西哥政府的官方保护。在太平洋生态系统里，幸存的北象海豹后代数量上升至超过10万头。

沿着北美西部海岸的海藻森林，海獭已经繁衍了至少500万年。尽管千百年来当地人为了皮毛和食物一直狩猎海獭，但从阿拉斯加到下加利福尼亚州一带的海獭数量仍相当多。18世纪，欧洲和俄罗斯商人对海獭奢华柔软皮毛的需求所带来的商业捕猎导致海獭在200年内几近灭绝。1910年，海獭终于得到国际皮毛保护协议的充分保护，大苏尔、加利福尼亚州和阿留申群岛部分地区的少数海獭数量在慢慢回升。

南半球另一成功案例发生在传说中的“鲁滨孙漂流记”岛屿，也就是费尔南德斯群岛和圣费利贡斯岛，距智利海岸约640千米（400英里）。1965年11月，作为海洋研究船“安东·布鲁号”（*Anton Bruun*）科学团队的初级成员，我在潜水和探索该区域时发现水里有又黑又圆的物体在“摆动”。有人递给我一个渔网，结果捞出的那个物体竟然是脐带未断的初生小海豹尸体。那时我们所有人对胡岛海狗一无所知，胡岛海狗曾有数百万头，它们在之前两个世纪大范围猎杀海豹的行径中幸存下来。同年，我们在小海豹尸体不远的地方发现了约100头胡岛海狗。胡岛海狗在1978年得到充分保护，数量快速增长，目前总数量超过12 000头。虽然与过去数百万头塑造生态系统的胡岛海狗数量相差甚远，但是现在它们正蓬勃增长。

谜一样的庞然大物

地球生物中的大多数哺乳动物，尤其是海洋哺乳动物，与昆虫、虾、海星、海绵、苔藓虫、毛颚动物门箭虫、多毛类蠕虫和95%的其他动物相比，就是庞然大物。根据爱德华·奥斯本·威尔森的说法，大型动物是最先被饥饿的人类消灭的动物，尤其是体型最大的鲸鱼。鲸鱼是人类最想捕杀的哺乳动物。大型鲸鱼在20世纪仍存在的唯一可能原因是捕鲸者难以到达鲸鱼生存的深海区。

当我还是个孩子的时候，我就把捕鲸活动与鲸鱼联系在一起，感觉这种行为很刺激，甚至颇具英雄主义。我从未见过鲸鱼，所以，很难想象它除了有呼吸，其实在那个遥远的海底世界，鲸鱼也是有心脏、有思想、有家庭、有生活的一种动物。那时我的确很想知道恒温哺乳动物如何在极地海洋生存，如何仅凭吸一口气就能在海底待很长时间，如何不需要地图就能游得很远。很难想象鲸鱼怎么在海底产崽，怎么在海底哺育幼崽！它们能在浩瀚的海洋里始终不离不弃，仅凭这一点，鲸鱼也太不可思议了！我可以把自己所熟悉的猫、狗、马、松鼠和兔子等同于人来看待，但我却没有以同样的态度来看待鲸鱼。当时我也没有想到要质疑人类为何热衷于捕杀鲸鱼。

直到阅读了查尔斯·斯卡蒙在1874年出版的《北美西北海岸的海洋哺乳动物》（*The Marine Mammals of the North-western Coast of North America*）我才明白这是怎么一回事。这本书讲的是生物纲，作者查尔斯不仅是一名捕鲸船船长，还是一名敏锐的观察员和自然学家，他试图记录鲸鱼的信息。在查尔斯所处的年代，没人想把船开到有鲸鱼的海域，因此很难得知鲸鱼在它们自己领域的生存状态。

查尔斯从未获得和鲸鱼有关的准确完整的信息。他指出："在对鲸鱼习性有任一新发现之前，可能需要密切观察数月甚至数年……准确描绘较大型鲸目动物是非常困难的……但可以见到鲸鱼巨大身体的一部分，因为通常鲸鱼会露出半边身子。"查尔斯见过许多死鲸，但是甲板上畸形的鲸鱼躯体只是它们命运的缩影，这好比是树林里一棵活树被砍伐后剩下的一个木桩。

在下加利福尼亚州，查尔斯很惊讶地看到一些灰鲸似乎在表演独立冲浪。他写道："有一只鲸鱼很特别，它激起碎浪玩了半个小时，就像海豹在巨浪上玩耍那样，用半展开的鱼鳍拍打海浪不断翻身……有时用弯曲的鱼鳍激起一层浪花，随后带来巨浪……所有的灰鲸看起来都很享受这项运动。”

那么，鲸鱼喜欢玩耍吗？鲸鱼有自己的个性吗？当我读到这段话的时候，我对鲸鱼突然有了新的认识，我认为鲸鱼是令人惊叹的多面体，捕鲸者不再是我心中的英雄。我立即开始了解这些奇妙的鲸鱼。

全世界大约有80种鲸鱼，还有体型较小的鲸鱼近亲，比如海豚和鼠海豚；大约有十几种的须鲸亚目，包括最大的鲸鱼——蓝鲸，以及长须鲸、布氏鲸、塞鲸、座头鲸、灰鲸和娇小的小须鲸，小须鲸可能和大海豚差不多大。其余的鲸鱼种类，包括齿鲸亚目，从60英尺[1]长的抹香鲸、新西兰海域的赫克托海豚（小到可用双臂环住）到墨西哥的小加湾鼠海豚。绝大多数鲸鱼完全生活在海洋里，但也有少数已经适应生活在印度、中国和巴西的江河中。

了解鲸鱼是一回事，了解如何杀死鲸鱼是另一回事，杀鲸鱼反映了人类的狩猎本性。查尔斯极其详细地介绍了捕鲸设备和捕杀鲸鱼的战略，包括接近鲸鱼的妙计：用鱼叉捕获好奇的鲸鱼幼崽以吸引母鲸，然后用鱼叉将母鲸捕获。查尔斯写道：母鲸有时候会“发狂，会追击渔船并超越渔船，用头撞击推翻渔船或者用巨大的鲸鱼尾部把渔船撞成碎片”。灰鲸因此被称为“魔鬼鱼”。这本书里没有记载捕鲸人对鲸鱼的描述。

所以，鲸鱼会照顾幼崽，会不顾危险地保护幼崽。这再次提醒了人类——鲸鱼不只是商品。

1976年，我的想法有了新变化，那时我听了生物学家和鲸鱼专家罗杰·佩恩谈论他在巴塔哥尼亚与脊美鲸打交道的经历。罗杰用独特

---

1 英美制长度单位，1英尺合0.3048米。——编者注

的脸部特征，即鲸鱼头上奇怪的突起物胼胝来区分它们。当然，每头鲸鱼的行为也有所不同。珍妮·古道尔关于大猩猩的发现、戴安·弗西关于山地大猩猩的发现，每一个仔细观察过任一生物的人，从人类到甲虫再到熊，或从鳗鱼到大象——这些事实证明，世界上没有一模一样的生物，哪怕是树枝也是如此，自然也不存在完全相同的鲸鱼。在我看来，这种惊人的多样性是两种生命奇迹之一，另一种奇迹是将万物联系在一起的普通水基化学。

演讲结束后，罗杰告诉我他认为座头鲸的行为和它们悦耳的声音有关，这是他通过在水下观察、记录和拍摄得出的结论，在他之前没有人这么做过。我俩当时就决意组织一支探险队来探索各种可能性，并着手获得以下组织的支持——美国国家地理学会、纽约动物学会（现为国际野生动物保护学会）、加州科学院、夏威夷拉海纳古建筑修复基金会、美国国家海洋和大气管理局，和一家名叫生存者安格利亚的英国电影公司。数月后，1979年2月13日，我在拉海纳几英里外的开阔海域潜水，也就是夏威夷毛伊岛的旧捕鲸港，在那里我第一次亲眼见到活的鲸鱼。

当鲸鱼突然改变游泳方向径直朝我们游来时，我们一行四人正在小橡皮船上欣赏五头鲸鱼喷水形成的彩虹。停好船，我带上摄影师阿里·杰丁斯和查克·尼克林小心潜入海底，希望能捕捉到鲸鱼游过清澈水道的影像。我曾告诉过很多支持这个探索项目的人，我想在海底观察鲸鱼无拘无束的模样，但是我没想到鲸鱼也在观察我。

这头光滑灵活的鲸鱼如40吨重的巨大鱼雷一般径直冲向我。这时候爬回船上已经来不及了，周围也没地方可让我躲，我就这样呆住了，是生是死全凭鲸鱼处置。这头母鲸轻巧地翘起尾巴，转身抬起翅状的鳍状肢，避免和我接触，它轻轻掠过我，微微眨动了一下眼，意识到了我的存在。随后，它盯着杰丁斯看，因为靠得很近，杰丁斯能感受到它划动的水波。它和其他四头鲸鱼观察了我们近两个半小时，朝着我们快速地游来，消失在我们下方的蓝色深渊，然后仿佛是五个同步的舞蹈者，它们一起往上升，用庞大的身躯优雅地旋转着。赫尔曼·梅尔维尔在《白鲸》一书中描述座头鲸是“所有鲸鱼中最好斗、最无所畏惧的一种鲸，通常，座头鲸会比其他鲸鱼激起更大的浪花”。在水下亲眼见过它们之后，我想补充的是：“这是最令人震惊的误传。”

捕鲸国家

捕鲸船船长查尔斯和其他人都在书里把鲸鱼描绘成庞大的巴士或巨大的面包，说它们总是很平稳，仿佛定格在两个维度上，一点也不像梅尔维尔所描述的像轻盈的体操运动员或者我们在夏威夷水下看到的鲸鱼。随后数年的观察表明，我们那时碰上的四头公鲸正在向一头母鲸求偶，但那之前我们当中几乎没人遇到过座头鲸或其他大型鲸鱼，所以没办法得出准确结论。没人知道鲸鱼的社交信息，也没有人能预测鲸鱼群对置身它们中间的人类会有什么反应。座头鲸的寿命可能比人类长，我们遇到的鲸鱼群在数十年前或一百年前可能接触过不是很友好的人类，那些人手里舞动着鱼叉。在潜水过程中，我们得知日本、俄罗斯、冰岛、澳大利亚、南非和新西兰仍为了鲸鱼肉、鲸鱼油、鲸鱼骨在捕杀鲸鱼。在美国，直到20世纪60年代中期，人们才停止商业捕杀座头鲸、灰鲸、布氏鲸、长须鲸、蓝鲸、逆戟鲸，但总部设在加州里士满的最后一个捕鲸站直到1971年才关闭。

20世纪大约有300万头鲸鱼被来自46个国家的捕鲸者杀死，其中包括30多万头座头鲸。挪威捕杀的鲸鱼数量最多，占27%，日本占21%，苏联占18%，英国占11%。不管捕杀的鲸鱼数量看起来多还是少，事实上所有大型鲸鱼数量都已减少至它们被捕杀前数量的一小部分。查尔斯笔下的墨西哥潟湖灰鲸差点就灭绝了。

2008年夏天，在挪威斯瓦尔巴德群岛，我走在长满青苔的北极露脊鲸坟场中，眼前这一切不禁让人想起死于第一波鲸油热潮中的北极露脊鲸。暗绿色的北极野花丛中开出了粉色和白色的花朵，那些靠近鲸鱼肋骨、颚骨、头骨的土堆颜色较深较绿，因为鲸鱼残骸仍向土壤渗透着很久以前的海洋食物链养分。到了17世纪末，数千艘来自欧洲国家的捕鲸船从我脚下的海域开到斯瓦尔巴德群岛附近水域和格陵兰岛的海域工作。捕杀完近海的鲸鱼，他们从岸基作业转变成海上加工作业。到了1800年，北极露脊鲸和北大西洋露脊鲸的数量已减至被捕杀前的一小部分，但杀戮仍在继续。

随后，人类把目标转向蓝鲸。蓝鲸是世界上体积最大的动物，同时，人类也把目标锁定在长须鲸、塞鲸、座头鲸和灰鲸。19世纪，随着蒸汽动力船和柴油动力船的出现，远距离寻找、捕抓、售卖鲸鱼的方法得到了快速发展；1868年爆炸鱼叉枪的发明大大提高了捕杀鲸鱼的简便性和准确性。过去6500万年，并没有东西教会鲸鱼如何应付开着船来捕杀它们的人类，而且这种捕杀方式有可能会消灭所有物种。

令人难以置信的是，尽管有一些物种濒临灭绝，但在20世纪初，捕鲸仍是大产业。19世纪，全球大约有275 000头蓝鲸，到了20世纪中期，蓝鲸数量只剩下该数量的10%。

1946年，为了解决鲸鱼数量明显下降的问题，各捕鲸国成立了国际捕鲸委员会来控制捕鲸数量，因此，从理论上讲，这是为了保护鲸鱼和捕鲸业。为了弥补在蓝鲸数量上的损失，国际捕鲸委员会想到了一个巧妙的方法：用单只可以产生最大鲸油收益的其他动物来提炼鲸油。一头蓝鲸熬出的净油量约120万桶，一头鳍鲸大约60万桶。根据简单的数理逻辑，一蓝鲸单位（BWU）等于两头长须鲸、两头半座头鲸或六头塞鲸。1966年，国际捕鲸委员会禁止捕杀蓝鲸，并对捕杀其他种类的鲸鱼做出了一些限制性规定。但次年，每一种被捕杀的鲸鱼数量均达67 000头，捕杀数量是1933年的两倍，然而1933年人们还未限制对鲸鱼的捕杀。

尤为宝贵的是喜群居的抹香鲸，抹香鲸具有动物界中最大的脑。另外，抹香鲸巨大头部骨腔内白色有光泽的鲸脑油被认为是上好的润滑剂，它可以同抹香鲸胃里形成的黑色芳香物质“龙涎香”媲美。抹香鲸的牙齿可用于制作装饰品和雕刻品，但是剥掉油腻的鲸脂后，残余的鲸体通常会被丢弃。

1978年，一个下着蒙蒙细雨的黎明，我在澳大利亚奥尔巴尼亲眼看到了雀尼斯海滩捕鲸公司卸载四头年轻的雄性抹香鲸并对它们进行加工，这是澳大利亚允许捕鲸活动的最后一年。工作人员用巨大的电锯将每头鲸鱼开膛破肚，随后十二名穿着硫黄色雨衣的男人用长镰刀高效率地肢解灰色抹香鲸，将其切成足够小的肉片放在血淋淋的解剖甲板上和蒸汽桶里，再用高压蒸煮鱼肉和鱼骨，之后将其磨碎成糊，倒进沉淀池把鲸鱼油和鲸鱼肉分离。

一周前，这个鲸鱼群还和同龄的其他鲸鱼玩耍，呼吸一次后潜水1 000米（3 300英尺）或更深，用声呐般的滴答声寻找鱿鱼和其他猎物，在压力足以使人类死亡的深海中畅游，尽览人类从未见过的领域——广阔的深海黑暗处被成千上万会发光的生物发出的怪异蓝绿色光和火花照亮。生物学家哈尔·怀特黑德在《鲸鱼探索》（*Voyage to the Whales*）一书中描述了抹香鲸的声音，并详细记载了自己在一艘小帆船上观察印度洋里抹香鲸的经历。通过连接海面下数百英里处的麦克风的耳机，哈尔听到了有节奏的敲击声，暂停，然后“以更快的速度重新开始，然后加速，变成绵延的吱吱作响……另外两头抹香鲸发出声音回应……其他的抹香鲸加入了，现在整个鲸群听起来像赛马场上嘶鸣的马匹”。数年前，鲸鱼专家威廉·沃特金斯发现每头抹香鲸都会发出一连串特殊的滴答声，他将此称为“滴答声模式”。这是一个用来形容音乐作品特殊部分的术语。两头鲸鱼相遇时会通过滴答声交流，这显然是鲸鱼打招呼的方式：“嗨！我是山姆。”没有人完全清楚抹香鲸和其他齿鲸如何利用天生的声呐系统，但根据圣克塔鲁斯加州大学生物学家肯尼斯·诺里斯的理论，鲸鱼产生的强烈脉冲声可能是用于寻找和击晕鱿鱼和其他猎物。

一头雄性抹香鲸需要25年左右才能发育成熟，达到可以被宰杀的体积和重量，然而，曾经活力四射的鲸鱼变成制作蜡烛的基本原料，变成润滑油、化妆品、化肥、象牙色小装饰品和家养动物的食物等所需的时间却用不了4小时。

现在，澳大利亚在全球范围内倡导反捕鲸行动，但在20世纪70年代中期，约有百余名澳大利亚人靠捕杀抹香鲸谋生，这导致澳大利亚在国际捕鲸委员会年度会议上被列为捕鲸国。国际捕鲸委员会的成员能准确地指出哪个人在哪个国家用哪种方式捕杀了哪一种鲸鱼。自1978年起，澳大利亚已经停止捕杀鲸鱼，但鲸鱼仍为奥尔巴尼和图佛德湾带来了经济效益，因为当地的鲸鱼和捕鲸博物馆是著名的旅游景点。

虽然美国不再从事商业捕鲸，但严格说来美国仍属于捕鲸国家，因为美国人在华盛顿和阿拉斯加的离岸海域仍以“土著文化观”为由捕杀北极露脊鲸和灰鲸。作为有四年资龄的国际捕鲸委员会的一员和两年资龄的美国代表，我和日本的代表们有过多次讨论。日本决意捕杀鲸鱼的行动已经引起国际社会的强烈愤慨，同时也引来了理性分析、全球公众反对捕鲸的声音以及大量科学数据的论证。

在20世纪90年代，日本代表团团长岛久藏（音译）挑衅地问了我一些问题，比如“美国人吃牛肉，是吧？那么，吃牛排和吃鲸肉难道有区别？”我试着严肃地回答：牛是草食动物，通常在1~2岁时被赶到市场上贩卖，那时牛已经被饲养到适合作为食源的年龄，而且牛需要农民的照管和投资。但鲸鱼是非人工饲养的，鲸鱼是不属于任何人所有的野生动物，而且它们通常在数十岁的时候被捕杀；鲸鱼的数量相对较少（不像牛那样，可以“重新进货”），捕杀鲸鱼给海洋生命造成了不可逆转的破坏。鲸鱼可能已经在地球上存活了6 500万年，但它们的生存策略中却没有一样能应付人类掠夺者带来的伤害。从生物的角度，我们可以从鲸鱼身上学到些什么呢？学习它们用声音进行远距离交流，学习它们发展成一个紧密团结的群体，学习它们不用地图也可以游数千里，又或是学习它们每天表演深度潜水——最后这一点就连最佳运动员在它们面前也会黯然失色。如果把鲸鱼视为无价的知识来源，我们会发现它们活着的价值远远超过它们作为鱼肉的价值。从狭义的经济角度来看，日益繁荣的观鲸业不仅有利可图而且具有可持续性，反观商业捕鲸不仅需要补贴而且一直有“管理”失败的记录。

这个日本人礼貌地听我天真又热切地解释杀鲸鱼和杀牛的不同，为什么活鲸鱼比死鲸鱼更有价值，但他只是微笑着说捕杀鲸鱼是传统，并坚持捕鲸是一种可持续性活动。他为自己辩护道，捕杀鲸鱼并对其进行科学分析是更好地了解鲸鱼的必要途径。我问他，如果只是通过解剖尸体，那外星人怎能了解人类社会、诗歌、音乐、语言、思想和愿景？但他似乎没有把我的话听进去。也许他的态度只是出于民族自豪感或者是对已有政策的顾虑，该政策可能涉及捕鱼。但不管是什么原因，很明显他的观点同我在筑地（东京著名的鱼市场）见到的那名男子一样，当我在鱼市场问那男子对鲸鱼的看法时，他很高兴地说："哇！好吃！"

法罗群岛的居民对领航鲸的态度和日本人类似，领航鲸曾是法罗群岛居民主要的食物。尽管这些居民现在不再需要依附鲸肉生存，但他们仍食用鲸肉，以骇人的"传统"方式将数百头鲸鱼赶进浅水海湾，然后用棍棒、矛和枪屠宰鲸鱼。杀鲸者的腰部在浸入疯狂的鲸群后很快便沾满了垂死鲸鱼的血。

日益减少的海豚

数百年来，一些国家一直捕杀少量海豚，他们把海豚当作食物，但从20世纪到现在，日本对条纹海豚、斑海豚、宽吻海豚、瑞氏海豚和领航鲸、伪虎鲸的大规模屠杀加速了这些物种的减少。和法罗群岛一样，日本、秘鲁和所罗门群岛个别的浅海湾都被用于围捕海豚，他们用同样残酷的方式屠杀海豚。2009年，圣丹斯电影节上一部名为《海豚湾》（*The Cove*）的电影记录了日本太地町捕鲸者先用巨大的噪音惊吓靠近海岸的海豚，然后用网挡住它们的去路，之后把它们驱赶到一起用刀屠杀。受野外环境"不劳而获"承诺的诱惑，日本市场上海豚肉被作为消耗品来销售；有一些活的海豚被搁置一旁出售或供游人观赏。

近年来，杀戮并不是人类强加给海豚唯一的悲痛。从1950年到20世纪90年代，仅在热带太平洋东岸就有超过600万头斑海豚、真海豚、飞旋海豚成了"副渔获物"，它们是被捕杀金枪鱼的渔民们用渔网杀死的。海豚常与金枪鱼一同游弋，因此渔民收回渔网时，海豚经常无辜被擒。令人惊讶的问题不是20世纪海豚数量剧减，而是地球上到底还剩多少头海豚！

更让人惊讶的是，尽管近年来人类似乎对海豚发动了围捕战，但海豚似乎一直把人类当作毫无恶意的朋友。几个世纪前住在地中海海域附近的希腊传记作家普鲁塔克就注意到了这一点：“自然赋予海豚的本质是哲学家的追求——不求回报的友谊。尽管海豚不需要得到人类的帮助，但海豚是全人类和善的朋友。”

我在大西洋、太平洋和印度洋海底潜水时遇到过几种海豚，大部分纯属偶遇，海豚们偶尔会对我表现出短暂的好奇或善意的忽视，也有一些例外令我很难忘。在墨西哥湾北部，当我乘着一人座的潜艇“深海工作者号”（*Deep Worker*）在浅海域游览时，几头胆鼻海豚（又名宽吻海豚）从周围的绿色阴霾中出现并在潜艇周围盘旋，窥视着我头上透明的圆顶盖。当我继续前进时，它们停下来，配合潜艇的速度慢速游动，然后加速前进，绕圈，再返回，再加速前行。这样的海豚就像我家的切萨皮克海湾猎犬在陪我们散步，我们行进的区间距离是一样的，但其间海豚游过的里程却足有我们潜艇的五倍远，这还没有把它们跃出海面呼吸计算在内。

像这样曾经常见的海豚已不再多见

1978年有报道称巴哈马圣萨尔瓦多岛一带曾出现过“友好的海豚”，我曾怀疑这一报道的真实性，但现在的确有野生胆鼻海豚或其他种类的海豚偶尔会和人类一起玩耍。对此我很是着迷，因此我让我的三个孩子（8岁的盖尔、14岁的里奇和16岁的伊丽莎白）放下学业陪我执行美国国家地理学会的一项任务——确认海豚报道的真实性。我们乘着一艘小船沿着海岸线到达被告知要去的地点，突然，前方出现了一头野生斑海豚，当地人称其为桑迪，这头海豚将身体弓起，为我们激起波纹。我们停止前行，不顾岸上陆续传来的哔哔声和口哨声，一个接一个跳进干净温暖的海水里，海豚一边绕圈一边盯着我们看。它似乎更喜欢孩子们，它贴近每个孩子，仿佛在邀请他们一起玩耍，孩子们游来游去呼应海豚的邀约，人的手臂和海豚的鳍亲密接触，好不快活！

何谓真正的可持续性？

对海豚、鲸鱼和其他海洋哺乳动物表现出极大善意的大多数人受到其他人干扰，那些人执意把海豚当作“害物”，即鱼的竞争对手，或把它们当作“资源”，即可捕获并买卖的商品。

有些人说杀戮海豚可能是可持续性的行为。按照这种观点，每年增长的海豚数量能弥补被杀害的海豚数量，只要有足够的海豚繁殖下一代使海豚数量维持在稍微稳定的水平，那么这个过程将可以无限循环。这是一个引诱理论，这个理论巧妙地向人们展示被杀戮的海豚如何一年又一年地恢复到原有数量。

但是，撇开人类的善意和合理的逻辑，海豚群体的发展往往不合乎这一规则。部分原因在于人类不知道每一时期每种海豚存在的数量，也不知道海豚被杀戮前存在的数量。同时，定期检测是罕见的，而且很难完成，但定期检测是很重要的，不然如何告诉大众这是怎么一回事？除了多变的自然因素，还有其他人为因素——污染、栖息地破坏、被缠于丢失渔具招致的严重损失、超过官方限制进行非法捕杀。大部分因素包括意外事故，但是在大海中，我们很难知道会发生什么事，更不用说去控制事情的发生，这是可预见的不可预测性事件——这一话题将在下一章节讨论。

挪威的人均收入仅次于卢森堡，因此这个国家以维持生计或迫切的经济需求为由支持捕鲸是站不住脚的。2009年，时任挪威首相的格罗·哈莱姆·布伦特兰在摩纳哥的一次会议上向我保证“挪威的捕鲸政策与经济问题无关，而是关乎可持续性发展”。

各国关于“可持续发展”的解释各不相同，但最广为人们所接受和最常被使用的是由布伦特兰委员会于1987年出版的报告《我们共同的未来》中的定义：“可持续发展是既满足当代人的需求，又不对后代人满足其需求的能力构成危害的发展。”

这个概念棒极了，它传达了一种伦理标准——每个人应该尽己所能让世界如我们发现它时那样好，甚至更好，利用自然资源但不将其耗尽。然而，用“可持续发展”来针对野生动物是十分狡猾的手段。对目前捕杀小须鲸和其他鲸类作为商业用途的那些国家（日本、挪威和冰岛）来说，这就意味着他们可以无所顾忌地放手捕杀鲸鱼，无论他们是否真的缺乏食物或是缺少钱。

不管人类捕杀这120种左右海洋哺乳动物的理由是什么，20世纪对绝大多数物种来说都是一个灾难性的世纪。唯一一个例外的好消息是，1900年前后每个物种中还是有一些动物在2000年依然存在的。只有加勒比海僧海豹除外，它最后一次出现是在1952年，那以后再也没有见过它的踪迹。而当克里斯托弗·哥伦布在15世纪到达美洲时，这种海豹是很常见的，当庞塞·德莱昂在16世纪来到美国佛罗里达州时，这种海豹数量丰富，20世纪初期这种海豹数量多到渔民不得不对其展开杀戮，因为渔民认为海豹会因为吃鱼而成为他们的潜在竞争对手。

试想一下，加勒比僧海豹正懒洋洋地躺在拿骚、古巴和迈阿密的海滩上，那是一种什么样的情景！作为一个在佛罗里达州西海岸长大的孩子，我从来就没有想过海豹可能是我的邻居，它们可能就在附近的海域戏水。加勒比海的罗伯士岛和海豹礁都会不禁让人想起加勒比僧海豹，但它们现在已不复存在。不过，现在拯救生活在温水海域的加勒比僧海豹近亲可能还不算晚，比如地中海僧海豹和夏威夷僧海豹，这两种僧海豹现已得到完全保护。每种海豹都还存活着几百头，它们象征着自己物种的希望，也许还象征着我们人类的希望。

鱼也有多种表情，留意帕劳暗礁里的这条妞妞鱼

海象们正承受被捕杀以及南极冰融化带来的困扰

捕杀海洋中的鱼类

❷

没人知道水下的鱼类可能会有怎样令人钦佩的美德！
它们肩负对抗艰难命运的重任，未得到唯一的欣赏者——人类——的欣赏！
当这些鱼哭泣的时候谁能听到它们的声音呢？
然而，有些人不会忘记我们和鱼同处一个时代。

——亨利·大卫·梭罗《河上一周》
（*A Week on the Concord and Merrimack Rivers*，1849）

事实已证明20世纪之前大量捕杀海洋哺乳动物的行为是不可持续的。更令人吃惊的是，20世纪初近岸鱼类数量也有显著下降。然而，许多人认为不管捕杀了多少鱼，鱼的数量最终都会有所回升。就连著名的英国科学家托马斯·赫胥黎也怀疑人类并不具备使鱼明显减少的能力，正如他在1883年的这段著名演讲中所表述的：

我相信鳕鱼、鲱鱼、沙丁鱼、鲭鱼甚至海洋中所有品种的鱼都是取之不尽的。也就是说，人类的行为不会对鱼类数量造成任何严重影响。因此任何试图规范渔业的举动……都毫无意义。

渔民倾向于认为海洋里的鱼是取之不尽的，但很可惜，鱼类并没有理睬赫胥黎教授的言论。到1880年，大西洋大比目鱼的数量已大大减少，时至今日，比目鱼数量依然稀少。几个世纪以来，鳕鱼一直是一些欧洲国家的经济支柱。在赫胥黎所处的时代之前，北大西洋的鳕鱼已经耗尽。那鲱鱼呢？好吧，在赫胥黎看来，“鲱鱼”指的就是科学家所说的大西洋鲱，大西洋鲱属于鲱科，225种鲱鱼中的一种小而有鳞的鲱鱼，它们会成群地出现在全球的温带水域。19世纪末，北大西洋的鲱鱼数量也有所减少，这是欧洲国家、加拿大和美国的渔民过度捕捞引起的。然而，不管是过去还是现在，鲱鱼的数量仍多到足以激发人类继续捕杀它们，从而为人类提供食物和产品。鲱鱼最近被列入一长串传统捕食者的食源名单里，名单上还有其他鱼类、鲸鱼、海豹、海鸟和鱿鱼，其中大部分动物需要食用大量的小鱼。随着捕杀行为的不断扩大，鲱鱼的数量急剧减少。

公地的悲剧

现在回想起来，显而易见的是，应该限制鱼类捕捞数量，确保未来资源不受到损害，在人人可以随心所欲不择手段捕捞鱼类的地方更应该这么做。1968年，美国经济学家加勒特·哈丁在《科学》杂志上发表了一篇题为《公地的悲剧》的文章。在这篇文章里，哈丁想象每个牧民在开放的牧场上都养尽可能多的牛，他们的理由是：“如果我的牛群不吃免费的草，别人的牛群就会去吃。”这种放牧方式的优点是每个人都想比其他人养更多的牛、吃更多的草。无偿放牧！但终有一天，牛太多，草太少，公地牧场将成为不毛之地。哈丁说牧民的牛羊最终会全部饿死，“所有牧民都涌向公地，每个人都想在信奉公地自由的社会里获得最大利益”。

19世纪全球公地（捕杀是免费的！）出现了捕杀鲸鱼、海豹和海鸟的热潮，这一热潮以悲剧收尾：许多物种几近灭绝，鲸鱼、海豹和食鸟动物丧失了栖息之地。整个20世纪和21世纪初，人类一直捕杀以大海为生的哺乳动物和大型鸟类，但是为了金钱，人类在大海的捕杀对象主要集中在鱼类以及壳类动物，比如牡蛎、蛤蜊、龙虾、小虾和其他无脊椎动物。1900年时，虽然有些鱼类品种的数量已大大减少，但全球每年捕杀的鱼仍约300万吨。随着技术的发展以及全球市场随人口不断增加而扩大，人类一度继续“无偿捕杀”海洋动物并相应地增加捕杀次数，至少有段时间是如此。

一战期间，人类暂时停止商业目的的鱼类捕捞，但到了1919年，人类发起了新一轮捕杀行动，随之而来的是更多的船队。增加捕捞导致更多的鱼被捕杀，但在数年内，随着鱼的数量被耗尽，捕鱼量也相对减少。为了将鱼类捕杀的数量维持在高水平，人们在科学的基础上想出了管理捕鱼的方法。在这之前，人们合理地进行假设：当一种鱼的数量下降至无利可图时，捕鱼者会把目标锁定其他鱼类，直到先前消耗的鱼类数量在“可再生”循环中恢复到原来的数目。1951年，生物学家哈登 · F. 泰勒在《北卡罗来纳州的海洋渔业调查》中回应了这个观点：“过度捕捞可能会减少鱼的数量，可一旦无利可图，捕鱼行动本身会自行停止或中断，或者早在彻底‘无鱼可捕’之前，捕鱼行动会大大减少。”

最大持续产量的传奇

20世纪30年代有人提出了一种极具吸引力的渔业管理策略，该策略旨在在无限期的时间内最大限度地从大量的鱼里捕捞尽可能多的鱼。这种策略被称为最大可持续产量，也称MSY原则。MSY原则假设在一定的时间和空间内，如果资源被消耗一半，那么这项资源可以不断自我更新并达到自身的最高持续产量。根据MSY原则，所剩的鱼再生的多余生物量会年复一年地被耗尽，但还能保持鱼总数量的稳定。所有计算都是基于捕鱼之前对鱼类数量的假设，且假定增长率、生存率和繁殖率都维持正常。事实上，当捕鱼减少了鱼量密度的时候，增长率、生存率和繁殖率都会上升。换言之，对鱼群而言失去一半的鱼是件好事。根据MSY原则，鱼会通过繁衍更多的鱼来弥补失去的鱼！

MSY原则如此简单且吸引人，以至于在1949~1955年，最大可持续产量成了国际上捕鱼管理政策的目标。国际捕鲸委员会、国际大西洋金枪鱼保护委员会以及其他渔业组织采纳了MSY原则作为主要管理目标。

第二次世界大战给海洋野生动物带来了第二次战时停捕，但MSY原则的应用鼓励渔民加大力度以减少鱼类数量，从而达到可持续的水平。该原则坚持如果鱼较少，那么它们将有更多的空间和更多的食物，而且和种群减少之前相比，它们繁殖的速度会更快。

但可恶的是这些鱼并不遵守该原则。那么，最高可持续产量概念到底哪里出了错呢？

第一，了解鱼的情况是有帮助的。当时，关于鱼的生活情况的许多重要方面都不为人所知，实际上，直到现在，这在很大程度上仍是个谜。如果不了解一种动物的过去和现在，那么实在很难预测该动物的行为。

第二，人们很难确定某一特定鱼类在特定空间和时间内的数量，更不必说确定捕捞之前的鱼类数量。这种感觉就好像是在浓雾天气驾驶飞机从数千英里的高空估算纽约市的人口。想要知道数量就必须撒网取样本，并根据样本推算出整个区域的人口数量。为了获得更大的样本，估算人员必须多次取样，但这种做法会破坏建筑、加剧城市骚动，甚至在大规模的取样开始之前，人口就已减少。现代声呐评估系统和摄像系统的应用导致人类无法较准确地估算出特定区域中特定鱼类的数量和位置，但是这些技术也朝着对渔民有利的方向扭转了形势。“找鱼”设备的制造商打出了这样的一个广告——“让鱼无处可藏”。

第三，鱼群数量受自然环境影响。由于不知道鱼类的生活史，不知道环境的性质，也不知道鱼类和环境的互动方式，因此很难预测鱼群数量。某天在某地取得的样本可能无法反映或者体现不了全年或整个大区域的情况。

第四，自然且健康的系统不存在鱼量过多的现象。对人类观察者来说，数量看似过多的现象是该物种针对自身数量减少所采取的自然性预防措施。数量减少的因素如下：疾病、风暴、天敌和食物供应的数量变化、温度变化以及超出计算机模拟能力范围的其他生活方面的因素。

第五，鱼类不是孤立生活的。鱼类在极其复杂的系统中和成千上万的其他物种共同生存，每一个物种都在不断地进化。由于人类所能见到的物种不到海洋的5%，因此海里还有很多系统是人类所未知的，更不用说探索了。但是，正如人类居住的城市那样，需要每个人分工合作，从而使得城市系统能够为每个公民提供服务。单单取消出租车、垃圾车或摧毁几座桥就会给整个城市带来灾难性后果。所以，尽管我们所能见到的物种不到海洋的5%，但如果这5%遭到破坏，那引发的可能是整个海洋生态体系被摧毁。

第六，人类很难从海洋系统中成功拽出单一的物种。拖网会一次性拽起所有物种，也会拽起生物的栖息地。这种做法反过来会降低海洋系统根据计划继续产鱼的能力。诱饵钩会招引目标物种以外的生物，这会导致鸟类、哺乳动物、海龟以及大量其他鱼类成为“副渔获物”。流网和脱网一样，用网囊缠住所有的物体，可用于捕抓鱼类、龙虾、螃蟹，并杀死许多其他鱼类和无脊椎动物。试想一下，如何从数十亿人中只挑出纽约市的律师！

第七，每条鱼的生活、食性、行为、成长或繁殖方式都与其他鱼不尽相同，更何况是整个物种。MSY原则这一类的模型对于预测可能性是很有用的，但却很少能预测现实。

第八，在尚未开发的区域中捕获的第一种鱼是最大最老的，这些“老前辈”展现了优越的生存特征。同时，它们也能繁殖最多的后代。当这些鱼消失了，来之不易的经验和繁殖能力也都随之而去了。留下的只有它们的后代。

第九，大多数鱼无法在一年内达到性成熟。鲱鱼幼鱼需要4年才能开始繁殖，寿命可达20年；蓝鳍金枪鱼需要8年才能成长发育到性成熟期，寿命可达30年；橙连鳍鲑约需30年才能成长发育到性成熟期，寿命可达150年以上。与此同时，捕捞压力无穷无尽且无情无义。

第十，是政治权术而非鱼类数量的稳定，扭曲了善意政策的应用。

第十一，尽管经验表明MSY原则是行不通的，但人们愿意相信它，并且坚信该原则的有效性。

第十二，这一条也许是最重要的，即MSY原则的缺陷是，它把鱼类和其他海洋野生动物看作商品，且暗示人类应该把它们当作商品捕捞。海洋系统完整性最重要的功能是使所有人受益（产生氧气、吸收碳、维护生物多样性、实现水循环、形成地球化学、维护地球稳定性等等），但其重要功能往往因人们一心一意捕捞可销售的产品而被忽视，导致只有较少的人受益。

1976年，生物学家P. A. 拉金在美国渔业协会的主题演讲中将MSY的概念描述为一种乐观信条，该信条假定“每个物种每年都能产生一定可收获的剩余，如果捕获量恰到好处，不多也不少，那么就能一直持续下去”。认识到MSY原则的致命缺陷后，拉金受到启发，认为可以摒弃MSY原则，并为其写了如下墓志铭：

M.S.Y.

生于20世纪30年代，卒于20世纪70年代。

这里躺着MSY概念，

它生前倡导最大持续产量，

却未说明如何分配。

怀着祝愿我们将其深埋于此，

尤其代表鱼类。

我们尚未知晓谁会取代其位，

但我们希望取代者能造福人类。

人们认真努力地想解决MSY原则固有的问题：1978年，两名经验丰富的生态学家，西德尼·霍尔特和李·塔尔博特对此进行深刻分析试图解决这些问题。西德尼具有多年的渔业生物学、生态学、管理粮食和农业组织经验，李是一名生态学家和生态环境保护者，他熟知全球野生动物。两人提议的“野生生物资源保护的新原则”得到了应用，由此野生动物、陆地和海洋状态会更稳定。MSY原则仍具有时代意义：

利用资源首先要遵循以下几点——

1. 生态系统应保持在一个理想的状态，使：

a. 消费性价值和非消费性价值可以在连续的基础上被最大化。

b. 现在和未来的选择得到保证。

c. 使用该原则引发的不可逆损害风险或长期不良影响被最小化。

2. 管理决策应包括一个安全因素，要考虑到目前还存在知识有限和机构不完善这样一个事实。

3. 应规划并应用保护野生生物资源的措施，以免浪费其他资源。

4. 在规划用途前应先进行调查和监测、分析和评估，同时确保野生生物资源得到了充分的使用。应及时对公众的批评性评论做出反馈。

遗憾的是，新原则虽受欢迎，但并未被采用。MSY原则不仅没有被弃用，而且还稳稳地嵌入世界各地的政策中。1982年，MSY原则被纳入《联合国海洋法公约》，从那时起它就已经融入国际法律和各国法律中，MSY原则有时会变身为“最优持续产量”和“长期潜在产量”。

在可持续发展的基础上，人类对捕捞大量海洋野生动物的乐观态度持续影响了整个20世纪捕鱼策略的形成。尽管在一些地域某些物种已经消失，但是在20世纪80年代之前，总捕鱼量一直在增加，这是捕捞次数增多、发现和捕捞未开发的鱼群（鱼类中剩下的“原始森林”）力度加强导致的结果。

从阳光到浮游生物

了解为什么后来出现的人类难以继续从古生态系统中大规模捕捞

一头双吻前口蝠鲼[1]飞游过拉贾安帕暗礁

海洋生物，了解商业捕鱼如何与地球化学变化息息相关，都有助于我们思考这些行为涉及的基本过程。

通过太阳光进行光合作用，然后传递给动物的能量转换出现在微生物身上，接着持续出现在消费者的一生之中，消费者的饮食随着体积变大而变化。大多数的能量转换始于阳光，阳光将万亿个含有叶绿素、二氧化碳和水的微小生物体转换成单糖和氧气。这就是大气中大量二氧化碳被海水吸收的过程，也是大量氧气被释放回大气层的过程。有一种叫原绿球藻的蓝绿菌数量非常多——在任何时期其活体均

1　又被称为魔鬼鱼与毯魟。属于软骨鱼纲、蝠鲼科，包含两个属，前口蝠鲼属和蝠鲼属。成年体呈菱形，宽可达6米余。目前，双吻前口蝠鲼已被列入《濒危野生动植物种国际贸易公约》。——编者注

约为10^{27}——大气中20%的氧气都是原绿球藻释放的。换句话说，不管住在世界哪个角落，每吸五次氧，就有一次是这种几乎看不见的原绿球藻所释放的。

大气中另外50%左右的氧气是其他海洋光合作用释放的。显然，如果只依靠树木、草和其他陆生植物释放的氧气，人类将会呼吸困难。

和其他大多数微小浮游植物一样，原绿球藻细胞生长迅速，数小时或数天就是一个生命周期。大部分原绿球藻很快会被小型食草者——从吃单细胞的原生动物到各种动物的幼体和成体，比如甲壳纲动物、海绵、多毛类蠕虫、箭虫、海星，甚至还有幼体鲱鱼——吃掉。其他微小但营养丰富的生物——浮游硅藻、甲藻、蓝藻和其他大部分光合作用海洋生物——都非常小以至于无法直接被大多数大型动物吃掉。许多物种的幼体可能会吃浮游生物，但随着成长，它们必须转向其他食物。

中间人

浮游生物可能是地球上种类最多的生物——约有1万种桡足类，主要是食草者，每一个个体通常比本页纸上的逗号还小。甲壳纲动物之所以重要是因为它们是“中间人”，它们将太阳储存在植物体内的能量转移到自己身上，漂浮在蛋白质、油和其他重要物质上面。在北极、南极和全球其他地区的公海，稍大的甲壳纲动物、磷虾物种也直接以浮游植物为食，这样便将太阳能与鸟类、鱼类、鲸鱼、海豹、软体动物以及其他生物紧密联系在一起。

世界各地的温带水域是成群的小鱼生长的地方。海洋中大多数的大型动物是食肉动物，无法直接吃掉浮游植物。只有少数动物，比如某些大鲨鱼和鲸鱼，可以通过筛选进食浮游动物[1]来保持自身庞大的体积，这些浮游动物包括桡足类、磷虾、被称为翼足类的游泳蜗牛以及几十种产生浮游生物幼虫的低级生物体。但是被统称为饵料鱼的微小银色生物天生有能力过滤浮游生物，并将这些浮游生物转换成美味的组织。

幼年时期的鲱科鱼类，包括沙丁鱼、沙瑙鱼、美洲西鲱、油鲱以及其他鲱科的鱼，都直接以浮游植物为食，但这些鱼成年后大多都吃很小的甲壳纲动物，尤其是桡足类，桡足类反过来又吃浮游植物。在海洋食物网中，其他小鱼也有类似的习惯和类似的功能。这些小鱼中包括鳀，其中凤尾鱼、秘鲁鳀、玉筋鱼科和微小的鱼类约有140种，这些鱼经常大量地聚集在海底上方，而一旦捕食者出现，它们就会钻进沙里寻求庇护。

有两类鲱鱼在成年后仍以浮游植物为食。它们曾出现在北美东海岸和墨西哥湾。正如罗格斯大学教授H. 布鲁斯·富兰克林的准确表述，它们是《海里最重要的鱼》（*The Most Important Fish in the Sea*）。我第一次意识到这些小鱼对海洋系统有重要影响是在20世纪50年代，那时我是杜克大学北卡罗来纳州博福特的海洋实验室里的一名学生。事实上，在海里见到鳀鱼数月之前，我已闻过万吨鳀鱼的味道，那时小猪波特油鲱工厂把这些鱼加工成油和食物。那种味道很浓，又腥又臭，令人作呕。油腻腻的破袜子和化肥原料般的味道让我远远地避开小镇北部。当我的邻居们被问及为什么能够忍受住在这么臭的工厂附近时，他们说："因为这闻起来像是钱的味道。"

19世纪，油鲱的确给很多人带来了收入，因为这些人捕捞了大量

1　一类经常在水中浮游，本身不能制造有机物的异养型无脊椎动物和脊索动物幼体的总称。——编者注

的油鲱并用烹饪大桶进行加工，制成油和肥料，这种行为在20世纪仍出现了很长一段时间，但是21世纪该行为已消失。除了一家名为欧米茄蛋白食品的公司，这家公司现在在海洋里搜寻最后剩余的生物种类，也就是生物学家所说的关键物种，亦是生态系统结构的关键环节。大多数人不认为小鱼可食用，这些小鱼很合以下动物的胃口：竹荚鱼、鲭鱼、条纹石鮨、金枪鱼、鳕鱼以及那些嘴巴刚好能吞下一条小鱼的鱼。嘴巴较小的动物就食用碎屑，其中包括螃蟹和其他一些海底物种，大鱼享用美食时产生的碎屑对小嘴动物而言就像是天赐的美食。四百年前，当上尉约翰·史密斯抵达切萨皮克湾时，他报告此地鱼的数量丰富，并将这些鱼的大量存在主要归因于有较为丰富的油鲱，油鲱反过来会消耗大量浮游植物。

生物学家莱昂内尔·沃尔福德曾算过青鱼（油鲱的近亲，非鲤科淡水青鱼）为了保持热量所需的浮游生物数量。莱昂内尔观察到1948年北海渔民一百个小时能捕抓58.6吨青鱼，他补充道："为了长出足够让58.6吨青鱼吃的浮游生物[1]，所需的水量应超过5 750万吨！事实上，青鱼所需的浮游生物数量远远不止这些。渔民非常努力地养殖青鱼，养殖时间大约需要3~4年。"

顶级掠食者

当人类从海洋食物链中捕捞数百万吨的青鱼、油鲱、鳀、沙鳗或其他小鱼群时，其实就是在和只能吃小鱼的较大型鱼类争夺食物。

1　泛指生活于水中而缺乏有效移动能力的漂流生物。其中分浮游植物及浮游动物。——编者注

在被捕食的鱼类中，被捕捞范围广、游动速度快、本身具备高能量、备受追捧的是金枪鱼。早在见到活的金枪鱼之前，我已非常熟悉金枪鱼，主要是通过吃含有金枪鱼成分的罐头、沙拉、三明治和砂锅。当吃寿司和生鱼片在全球范围内盛行之前，我在洛杉矶一家高档的日本餐厅里居然被哄骗吃了薄薄的金枪鱼生鱼片。

我只亲眼见过两次野生成年金枪鱼。第一次是在1975年，当时我正沿着南太平洋丘克潟湖珊瑚礁外缘的峭壁边潜水；第二次是在那之后数年，在南半球的印度洋，我沿着阿斯多夫岛的深水边缘潜水。每一次，闪着银蓝色光的蓝鳍金枪鱼都对我这个闯进它们海底世界的灵长类动物感到十分好奇，它们从我身边游过时瞥了我一眼——但都相当警惕地游走了，最后变成黑影融入无边无尽的深蓝海洋中。

1990年，我对金枪鱼的偶然兴趣变为强烈关注，这源于我办公桌上的一份文件，这事发生在我任职美国国家海洋和大气管理局首席科学家不久之后。美国国家海洋和大气管理局是美国政府机构，该机构下辖包括气象局和国家环境卫星，也包括国家海洋渔业局，负责处理和规范国家海洋生物资源的使用。实际上，这份文件给出了令人震惊的数据，这些数据证实北大西洋蓝鳍金枪鱼的数量在20年内已经下降了90%！尽管我很敏锐地意识到世界各地的其他海洋物种数量也在急剧下降，但是在那之前，我并不知道金枪鱼是“海洋中消失最快的鱼类”代表。

20世纪后半叶，随着工业捕捞的到来，捕鱼总量一直居高不下。那时渔民开着越来越多的大型快艇，采取大改进的方法寻找并捕捞各种鱼类，他们把船开到更远更深的海域，并为那些先前被辱称为杂鱼的鱼类开发了新市场。这些杂鱼包括大多数种类的鲨鱼、鳐和多齿扁鲨以及在市面上很受欢迎的鱼类美食——鮟鱇等。来自南极海域的深海鱼，比如科学家所知的巴塔哥尼亚齿鱼成了“智利海鲈鱼”，棘鲷科俗名为“红狮子鱼”，美丽、黑眼的须鳚鼠尾鱼被重新包装成“长尾鳕”，那些血液内含有“防冻剂”的耐寒百岁鱼其商品名为“南极鳕鱼”。

不管野生鱼是作为鱼排、鱼三明治、炸鱼、鱼条，或是当天渔获的其他市售名，人类以为自己正在吃的食物和实际被提供的食物两者的关系可能就像点了鸡肉沙拉，但吃的却是切碎的鹈鹕肉。用于检验红鲷鱼和其他受欢迎的鱼真假的新方法已表明假冒的红鲷鱼数量惊人。但无人问及也无人关心此事！

从美国国家海洋和大气管理局了解到蓝鳍金枪鱼困境的数周后，我参加了一个会议。该会议讨论了蓝鳍金枪鱼的捕捞配额，我也听了一些允许美国渔民继续捕捞数万吨蓝鳍金枪鱼的严肃建议。当时我就傻眼了，脱口而出：“我们这是想消灭金枪鱼吗？如果是这样，干得漂亮！全球只剩10%的金枪鱼了！”

在不造成严重伤害的前提下捕捞海洋生物这一乐观想法贯穿了整个20世纪，但这一想法在2003年有了大转变。这是因为加拿大两位生物学家兰森·迈尔斯和鲍里斯·沃姆在《自然》期刊上发表了一篇文章，该文章在半个世纪积累的数据基础上总结了十年的研究。这篇名为《掠食性鱼类群落面临全球性灭绝》的文章带来了发人深省的消息：“捕鱼工业化以来的15年，群落生物量已经减少了80%。科学家发现生长快速的物种数量补偿有所增加，但通常只在十年内恢复……现在的大型掠食性鱼类生物量约仅有工业革命前的10%。我们得出的结论是：沿海地区大型食肉动物的减少已扩大到全球海洋，这可能给生态系统带来严重的后果。”

迈尔斯在海洋网发表的采访中表示：“工业化捕捞已波及全球

的海洋：从巨型蓝枪鱼到巨型蓝鳍金枪鱼，从热带石斑鱼到南极鳕鱼——世界上已经没有可开拓的海域。自1950年以来，随着工业化捕鱼的开始，人类已迅速将海洋资源库减少至先前的10%以下——不仅只在某些领域，也不仅仅是一些鱼类资源，而是包括了热带至两极的整个大型鱼类群落。”

文章的另一作者沃姆接着说：“大型鱼类群落的枯竭，不仅使依靠它们生存的鱼类和渔民的未来受到威胁，也可能完全重组海洋生态系统，这引起的全球性后果是未知的。”

迈尔斯和沃姆文章中所记载的鱼类数量剧减本该非常明显。这应该引起人类对鱼类的高度重视，即大规模破坏性捕鱼方法给海洋生态系统带来的破坏远比减少未来的捕鱼量更严重。这对地球变化过程而言是很痛苦的，因为这不仅对海洋生物很重要，而且对地球上所有生物都很重要。正如大多数人不知道电脑的工作原理，但他们很可能都

活着更好：科科斯群岛的濑鱼也是健康珊瑚礁的一部分

知道电脑中的每个小零件都起了作用，也知道拿掉那些看似无用的零件会迅速导致电脑发生严重故障。

“副渔获物”的附带破坏

2004年，生物学家戴顿·L. 阿尔弗森和同事就副渔获物发表了一份联合国粮食及农业组织报告，该报告令人类幡然醒悟，并再次思考20世纪捕鱼业带来的影响。副渔获物指的是那些原来不是渔获的对象，但却混在渔网里或受鱼饵吸引的其他水产生物（数据和渔民提供的相吻合）。热门电影《阿甘正传》（*Forrest Gump*）里有一幕展示了每捕捞一蒲式耳[1]的虾，渔网所捕杀的鱼、海绵、海星和其他海洋生物将超过一百蒲式耳。最具破坏性的是底层拖网渔船或拖网，它们会刮擦海底，捕捞所碰到的一切物体。根据阿尔弗森的报告，每种渔具都会捕捞数量巨大的副渔获物。世界自然基金会收集的数据和信息表明，每年有超过30万的海洋哺乳动物、成千上万的海龟和海鸟、数百万吨的鱼类和无脊椎动物成为副渔获物。

从本质上来说，用渔网和鱼钩捕鱼并无差别。《马太福音》13章47~48节指出：“渔民……将渔网撒向大海，聚拢各样水族，有价值的和无价值的。网既满，渔民将网拉上岸来……挑选出可食用的鱼放进板条箱，扔掉其他鱼。”所以人类可以使鱼“无价值”或是“被扔掉”而不受任何惩罚，但《马太福音》10章29节指出，哪怕是“麻雀掉到地上”天父也会知道。相比起对待鸟类的态度，人类之所以冷漠对待海洋鱼类命运可能是因为鸟类总是得到更好的报道。

1　计量单位，1 蒲式耳合36.3688升。——编者注

遗失的或被扔在海洋里的渔网被称为“鬼网”、鱼陷阱或钓鱼线，这些网会继续捕鱼，从而增加了副渔获物量，渔网留在海里的时间有时长达数十年。在墨西哥湾北部，生物学家道格拉斯·韦弗乘着潜艇“深海工作者号”在海底100米（约330英尺）处看到了一个废弃的鱼陷阱。在他的指示下，我紧随其后潜水，发现了他所说的坚固的钢丝容器，还看到了一些受到惊吓的鱼——一条白尾蓝环神仙鱼、一条热带鱼、一条小石斑鱼，它们撞着细网，想要逃出去。鱼陷阱旁边光晕闪耀的白骨，就是先前受困的鱼的命运。

这并不是说捕捞海龟、海鸟和其他非渔获对象是渔民的主观意愿。大多数渔民冷漠对待副渔获物，也有少数渔民对副渔获物消耗他们的时间和成本感到愤怒。渔船船长琳达·格林鲁在她的书《饥饿大海》（*The Hungry Ocean*）中描述了“汉纳·博登号”上的船员用绳索穿过一头七英尺长的蓝鲨的鼻子，将其挂着，他们对旗鱼少鲨鱼多的现象感到气馁。“蓝鲨疯狂地挣扎。它被束缚在沾满打火机油的破布里，工作人员把它当作大型皮纳塔[1]，用刀划，用大鱼叉戳，直到有人用火柴将其点燃。”

捕食者变猎物

考虑到鲨鱼的本质不坏以及它们对海洋的重要性，对于那些只把鲨鱼当作惩罚对象、鲨鱼尤其令他们感到恐惧甚至厌恶这一点，实在令人费解。1975年，大白鲨在风靡一时的电影《大白鲨》（*Jaws*）中

1　起源于中国。中国人为了迎接春节的到来，用不同颜色的纸包裹成牛或水牛的形状，并装饰上甲胄。后经由马可·波罗传至欧洲。——编者注

被塑造成邪恶且嗜血成性的食人恶棍。当我在北卡罗来纳州哈特拉斯角附近进行多钩长线旗鱼调查研究时，看到人类用棍棒打死了一百多头双髻鲨，我感到很绝望。我知道所有已在海底待过数千小时的潜水员都晓得鲨鱼本性不吃人！同年，在珊瑚海的暗礁中，我在一百多头灰礁鲨中游泳，感觉比在高速公路上行驶安全多了！毕竟高速公路上将我和快速行驶的车流隔开的只有地面上的一条黄线，以及大家共同的生存欲望。

如果鲨鱼群被惹恼了，那它们可能会变得很危险。20世纪60年代有过这样的例子，有一头年轻的沙锥齿鲨在佛罗里达州萨拉索塔暗礁上休息时尾巴被抓住了。一般说来，沙锥齿鲨属于沉稳、冷静的物种。它忍耐了一会儿，但是当鞭子第四次抽打它时，它咬住了打它的潜水员。这名潜水员逃过了鲨鱼的“攻击”，但不幸的是，鲨鱼并没有逃过人类的攻击。如果鲨鱼有意伤害人类，那么它们每年咬的人可能不止50个，毕竟，人类最近才进入深海，而鲨鱼已在深海住了4亿年。全世界每年被鲨鱼咬死的人不超过10个，但是被人类用鱼钩、渔网和鱼陷阱进行捕捞、释放杀趣或泄愤（认为鲨鱼同他们争夺其他鱼类资源）的鲨鱼每年有2千万~1亿头之多。不过，大部分人捕鲨是为了贩售。虽然鲨鱼是海洋“顶级掠食者”，但是其亿万年间的生存技能尚未准备好应付人类这一地球顶级掠食者。

早在20世纪，人类为了得到鲨鱼皮和富含油的肝脏已捕杀了一定数量的鲨鱼，即便如此，渔民还是会抱怨在沿海地区难以快速“把鲨鱼捕尽”。后来，离海很远的超市和高档餐厅需要“壮阳肉”（玛鲨、长尾鲨、蓝鲨），也需要鲨鱼软骨（掺在药丸里作为未确定疗效的癌症治疗药物）。鲨鱼繁殖数量少，有的鲨鱼每隔一年产一头或两头幼崽，有的鲨鱼产崽多达数十头，但生长较缓慢，要好多年才能发育至性成熟期，其寿命可达数十年。尽管鲨鱼有悠久且引人关注的历史，但当地质变化发生时鲨鱼很容易死亡。

1980年被定为美国的“海洋年”，这是美国国家海洋和大气管理局发动的一项反常但善意的运动，目的是通过开发鲨鱼市场将其作为“未充分利用物种”，并通过和亚洲消费者建立新连接来帮助渔民。二十年来，应当担心的事已经从鲨鱼吃人转变为人吃鲨鱼。

几百年来，用鲨鱼鳍煮汤一直是个传统，鱼翅汤的吸引力主要在于食材难以获得。不过这道菜在中国一直极受追捧，最初只有皇帝才能享用，后来，一些上层社会的人也有特权享用这种难以获得的美食。和其他新奇事物一样，鱼翅汤因被疯传有壮阳的功效而一时声名鹊起。然而，到了20世纪末，亚洲出现了新的繁荣，寻找、捕捞、出售鲨鱼新手段的出现使得鱼翅汤迅速大众化。虽然售价依然不菲，但是婚宴、酒会和世界各地的餐馆都开始提供鱼翅汤，因其可以表明主人对客人的关心和尊重。因此，对鲨鱼翅（而非整头鲨鱼）的庞大需求引发渔民用多钩长线捕捞鲨鱼，再把鲨鱼拖上甲板，割下鱼鳍和鱼尾，然后把还活着的鲨鱼扔回大海。

鱼的终极启示?

我在美国国家海洋和大气管理局工作时意识到了蓝鳍金枪鱼几近灭绝这一事实。翌年，道格拉斯·威诺特乘着金枪鱼船出海，停靠在马萨诸塞州普罗温斯敦附近，要观察座头鲸吃小鱼。道格拉斯在《巨型蓝鳍》（*Giant Bluefin*）一书中评论道：“奇怪的是鲸鱼不再是猎物。”“随着时间的流逝和历史的前进，鲸鱼不再是食物、灯油和骨制品的来源。就在20年前，蓝鳍金枪鱼，也就是‘竹荚鱼’，每磅价值五美分且被当作猫食。现在，作为寿司的主要食材，用冰保鲜的金枪鱼被空运到日本。”20世纪90年代，在东京筑地鱼市场的金枪鱼拍卖会上，一条200磅重的蓝鳍金枪鱼以超过10万美元的售价成功拍卖。一些被做成生鱼片的白金枪鱼售价可达100美元。尽管蓝鳍金枪鱼的渔获量小，但是高价就意味着盈利能力。

当一些人在歌颂蓝鳍金枪鱼的特色口味，另一些人正深情款款地书写着金枪鱼流线型的美丽和优雅。其中较为出名的是卡尔·沙芬纳的《蓝色海洋之殇》（*Song for the Blue Ocean*）和理查德·埃利斯的《金枪鱼之恋》（*Tuna, A Love Story*）。布鲁斯·科莱特是一名科学家兼金枪鱼学者，一般情况下他都用冷静的科学态度看待鱼，但是谈到蓝鳍金枪鱼时，他用的却是几近诗意的语言，他说金枪鱼是“鱼中极品”。斯坦福大学的芭芭拉·布洛克教授也是金枪鱼专家，她很欣赏三种蓝鳍金枪鱼，也很佩服金枪鱼群通过被选中的个体用声音定位以进行长途迁徙。我在美国麻省理工学院听过工程师们观看金枪鱼动画电影时发出羡慕的感叹声，然后看他们尽最大努力用机器人设备仿造自然的金枪鱼。

比如，1993年，在麻省理工海洋工程系，我细心观察了大卫·巴雷特用“仿生金枪鱼”（一种逼真的仿制品）在拖曳水池里想要弄清楚金枪鱼的尾巴来回摆动时如何获得小漩涡（涡流）产生的97%的能量。成败在于潜在应用是否适用于更有效的潜艇推进系统。

如果人类继续忽视蓝鳍金枪鱼和其他金枪鱼当前的生存状况，那么与之紧密相关的宝贵物种将会永远消失，它们也就根本无法回答那些人类尚未做好准备发问的问题。人类能从活着的金枪鱼身上获得的知识似乎比用磅或盎司来衡量重量的鱼肉还要多。金枪鱼在没有路线图的情况下究竟如何能多次游过海洋盆地到达特定位置？是什么感官使金枪鱼能够找到食物来源？当金枪鱼接近海平面游泳时是什么令它们保持惊人的V字形队伍？是谁在领队？为什么由它领队？金枪鱼是怎么休息的？对于金枪鱼幼鱼来说，面临成千上万的捕食者，途中遇到大批量分不清是掠食者还是猎物群体的情况下都必须自己觅食，想想它们遭遇上述危险的第一天，乃至一周、一月、一年……该是多么不可思议的冒险啊！

一只成年雌性金枪鱼能排出数以百万计的鱼卵，但只有少数幸运的鱼卵能存活下来并繁衍后代。因为成年金枪鱼的数量已降至一个世纪前的一半，所以在产卵群集处是否有足够的鱼卵能生成足够的受精卵，能否生产足够的幼鱼数量，让其在海洋食物链中成长为有繁殖能力的鱼？如果鱼卵数量很少，那么又有多少鱼卵能受精呢？

世界上有数以百计的食谱告诉人类如何烹饪金枪鱼，可以生吃、蒸、煮、明火烤、烤箱烤、切碎装盘。但是，没有人告诉我们，怎样才能繁殖金枪鱼？

青鱼、油鲱、石斑鱼、笛鲷以及其他鱼类通过把配子排放到海里进行繁殖，但是金枪鱼的生命始于数百万偶然的受精卵之一。金枪鱼的受精卵是半透明的球体，里面富含的油脂不仅是其食物来源而且还可以保持受精卵的浮力。金枪鱼幼鱼吃的微小浮游生物在阳光照射到的海洋表面生存，因此下沉的鱼卵将会死亡。过去这些年，我看过很多浮游生物样本，但是只有在墨西哥湾那次，我看到了透明的金枪鱼幼鱼那与众不同的又黑又大的眼睛和尖鳍。当年幼的金枪鱼（即无助地漂浮着的鱼卵和幼鱼）一边努力寻找食物，一边拼命避免沦为其他较大生物的食物时，它们已面临着激烈的竞争。卡尔·沙芬纳指出金枪鱼幼鱼是海洋的一部分，在大海里“所有的动物组成了一个奇特的小动物园，里面有掠夺成性的无脊椎动物、可怕的有前肢的鱼、甲壳纲动物幼体，它们一直在消耗植物或互相捕杀。这是一个最危险的群落”。

大部分的金枪鱼鱼卵都被吃了，大部分的金枪鱼幼鱼也被吃了，大部分长到一岁的金枪鱼也被吃了。金枪鱼能活6年长到成熟期就是个奇迹，寿命达30年、体重达上千磅的年老金枪鱼就更是神迹。浮游生物的生存环境就像是个滚水锅，在那里阳光形成了海洋化学，生物利用阳光进行光合作用产生能量和氧气，并为地球生命提供大部分物质基础。如果金枪鱼鱼卵和幼鱼在这个生物方程式中消失，那么这会给金枪鱼的未来以及金枪鱼生存了数百万年且日渐完善的海洋系统带来什么样的后果呢?

此题无解。

我们所知道的是，当一条金枪鱼重达一磅的时候，它已经吃了数磅的小肉食动物，这些肉食动物吃的是其他肉食动物或浮游动物。每一条金枪鱼幼鱼都吃了数千磅重的小浮游生物，即使是吃了很多的浮游生物，金枪鱼幼鱼也可能会因以绿色植物为食的浮游生物摄入量不足而死亡。

在知道了这些事之后，人类不应该再吃大量的金枪鱼，如果真的要吃的话，也应该怀着敬意吃。蓝鳍金枪鱼目前的不稳定状态已使食用它们变得像吃一只雪豹或熊猫那样不可思议。如果人类不停止大规模捕杀金枪鱼的行动，那么喜欢吃金枪鱼和多数海洋生物的人就只能穿越回20世纪中期了。2006年，由14位著名科学家在《科学》杂志上发表的全球渔业数据分析结果正式确认了先前很多粗略计算的结果。主要作者鲍里斯·沃姆在接受采访时说：“有很多物种正从海洋生态系统中消失，而且这种趋势最近在加速……如果现在这种过度捕捞的趋势持续下去，那么在2048年之前——在我有生之年，预计所有的鱼类和海鲜物种将会灭绝。”但是，他接着说，“好消息是，现在一切还来得及。”

所以，人类是要加速捕捞，看看多快就能耗尽鲔鱼、旗鱼、石斑鱼，还是应该加速看看可以做什么来保护现有的生物？幸好，人类现在还有的选。

东京筑地鱼市场：每年搁放一百万吨海洋生物的中继站

捕杀海洋中的贝类

❸

我想，当碟子里晃动的牡蛎鲜腴如夏日闪电般迅速消失时，很少有人想到自己刚吞下的是一只结构比手表还复杂的牡蛎（或牡蛎仔）。

——托马斯·赫胥黎《牡蛎和牡蛎问题》
（*Oysters and the Oyster Question*，1857）

狩猎采集者骨子里都想知道两件事：一是初次接触的动物是否会吃人；二是人类是否能吃这种动物。当我还是个只有两年经验的新手科学工作者时，在探索自家后院的日子里，在了解蚯蚓之前我就尝过蚯蚓的味道。数年后，当我着手研究蓖麻籽时，这种未了解就先品尝的好奇心让我差点丧命。

好奇心和饥饿可能会促使个别人成为第一个敢撬开牡蛎双壳并食用里面灰色光滑肉块的人。牡蛎主要分布于温带和热带各大洋沿岸水域——从中国到北美洲、从非洲到欧洲北部，至今我们仍可看到公元前的牡蛎壳堆积成的大土丘，这些牡蛎壳丘确实证明了第一次尝到牡蛎的美味后引来更多食客，这最终导致全人类恋上欧洲牡蛎（欧洲享乐主义者的最爱）、美洲牡蛎（大西洋西部人民的最爱），以及牡蛎科里其他多种牡蛎，人类对牡蛎的爱恋就像是一场旷日持久的单恋。

不可缺少的软体动物

牡蛎的生活充满了危险。一只年轻的雌牡蛎三个月能产出数亿枚卵，但只有一些卵能够受精同时在开阔的海域散播开。受精的卵子在数小时内就能变成透明的陀螺形担轮幼虫，这种幼虫体中部有两圈纤毛环，靠纤毛快速运动。担轮幼虫在一天内会发育为面盘幼虫，面盘幼虫原生质斑点较大，有嘴、食道、胃和左右对称的翼状薄膜，随后会出现眼状斑点。上述特征在面盘幼虫变态发育为成体后会消失，但对于小牡蛎来说，上述特征能让它们在海域中自由地生存。

只有1%的幼虫能躲过海洋中成群掠食者的捕杀，最终长成蚝仔或者小牡蛎。牡蛎一旦夹在岩石里、地桩里、船底或者周围的牡蛎壳里，生长就会比较缓慢，新英格兰冰凉水域中的蚝仔需3~4年才能长到7厘米（3英寸），而大西洋海岸南岸和墨西哥湾内温暖海域中的蚝仔仅需20个月左右就能长到7厘米。牡蛎成功生存过的水域有利于幼牡蛎生存，因为当牡蛎在一个牡蛎繁殖能力强的水域生存，它们的卵子或精子就可能浮游于自己的接受者周围。

一旦固定栖息地，牡蛎就会吞食潮流卷来的饕餮盛宴。大多数牡蛎生活在潮间带中区，但牡蛎也可以生活在潮下带10米（33英尺）处，选择在该区域生活的原因有两个，一是靠近海平面的地带含有靠阳光生长的食物，二是可以避开较深处更多的掠食者。牡蛎就像微型水产真空吸尘器，它们会吸水，会吸附漂浮的灰尘颗粒并喷出较干净的水。在牡蛎吸食的水中，每一茶匙的量都含有超过数千种的上亿个细菌、数十种的活动微粒（这些微粒被统称为浮游生物），还含有有机物质和无机物质中的无数粒子。微小的绿色生物——浮游植物，能是牡蛎主要的食物，但是其他微生物也能提供能量——从非光合细菌到无数种海洋动物的幼体。作为食草者，牡蛎和兔子、鹿或牛一样都处于食物链底端；但作为其他动物幼体的捕食者，牡蛎跃到了食物链顶端，也就是说此时牡蛎和熊处于同一层次。

幸运的是，牡蛎属的栖息环境范围很广，其中包括：冬季寒冷的水域、夏季高于35℃（95℉）的水域、盐度为千分之一的海水、盐度为千分之五的河口水域。美国牡蛎和欧洲、北美洲西部、日本等其他地方的牡蛎一样，都已经在海平面上升100米（330英尺）的恶劣环境中生活了数百万年。切萨皮克湾海岸线沿岸长期沉淀的牡蛎礁化石和墨西哥湾周边的牡蛎礁化石都有力地证明了一件事：牡蛎的顽强性和适应性让它们可以应付重大气候或地质变化。随着时间的推移，牡蛎向上迁徙，新的牡蛎群随海平面一起上升，而那些留在原地的牡蛎最后都死了。

品尝牡蛎

在纽约哈得逊山谷一带，我母亲那个家族的祖先——伦纳佩印第安人——在3 000年前就开始尽情食用牡蛎了，他们留下了成堆的牡蛎壳。当人口数量少且牡蛎数量多时，食用牡蛎的确会减少牡蛎总数，但不至于导致牡蛎礁和牡蛎群消失。17世纪，当欧洲人到达北美洲后，北美牡蛎的数量便从“可持续”变成了“不可阻挡地减少”，其实全世界的模式皆是如此：人口越多=牡蛎越少。

在北美，新的移民者带来了越来越多的人，带来了吃牡蛎的习惯，也带来了捕捞、保存、销售牡蛎的巧妙的新策略以及前所未有的方法，这些方法会改变牡蛎成长的沿海区域的物理和化学性质。这样一来，牡蛎属数百万年来的生存策略开始动摇。

来自17世纪詹姆斯敦定居者的报告以及沿海印度“厨余堆”（古老的垃圾处理点）的实物证据证实了有些幸运的牡蛎能活几十年，偶尔有些牡蛎会长到餐盘那么大。又大又老意味着牡蛎面临的掠食者不仅有饥饿的人类还有很多种食肉蜗牛，尤其是海螺和恰如其名的荔枝螺，还有某些鸟类，特别是蛎鹬，它们刀片般的喙就像切萨皮克湾开生蚝者手中锋利的小刀。

海星、螃蟹、寄生虫、贝壳上的海绵、某些病毒和细菌，以及风暴和气候变化都改变了牡蛎繁衍的习性。然而，已存活的牡蛎数量足够多，多到足以形成和稳定加拿大到墨西哥、悉尼到新加坡海岸线的中坚力量。此外，数以千计的其他物种已开始依赖坚硬成群的牡蛎壳，这些物种将牡蛎壳上错综复杂的斜面和曲线作为栖息处。

牡蛎礁和珊瑚礁一样，都为繁华的海底大都市提供了砖头、建筑物和墙壁，这里住着鱼类、多毛类蠕虫、扁形虫、匙状蠕虫、线虫、花生虫、海葵、海星、海蛇尾、海绵、苔藓虫类、水螅类、片脚类动物、等脚类动物、虾和多种螃蟹，更不必提那些极富多样性的微生物以及食用其他生物的大型动物。有超过15个主要遗传类动物门依托牡蛎礁相拥生存，其数量与包括繁茂的热带雨林在内的所有陆地环境中生存的动物门种类一样多。若牡蛎消失，那么生态环境巨变会随之而来。

1607年，当约翰·史密斯船长来到切萨皮克湾，当时那里的牡蛎群规模庞大，数量众多，因此被认为会对航行有妨碍，当然，这些牡蛎看起来也很可口。截至1650年，当地人和新移民的总人口还不到3万，但不到100年的时间，已有30多万人住在切萨皮克湾附近。很多人主要的食物来源就是贝类和其他当地野生动物。砍伐森林、开垦用于农业种植的土地提供了作为重要食物新来源的农作物，但砍伐森林造成了严重的土壤流失导致航行受限，还破坏了数千英亩[1]的沿海湿地和主要的牡蛎栖息地。到了17世纪后期，人类将野生鸟类、鹿、松鼠和其他陆生野生动物作为食物来源，羽毛、兽皮和毛皮已基本成为农业的经济基础，但大量捕捞水生野生动物进行贸易的行为才刚开始。

1700年，纽约市人口大约只有5 000人，而牡蛎数量有数百万，但巨变即将到来。到了1800年，纽约居民超过了6万。纽约市民吃掉的牡蛎有好几十万只，美国其他地区捕捞的牡蛎和加勒比海地区腌制的牡蛎数量达百万。半个世纪过去了，纽约市人口已经上升到50多万，美国腌制的牡蛎也打开了新的欧洲市场。马克·库兰斯基在《大牡蛎》（*The Big Oyster*）一书中写道，20世纪初，300万纽约人每天要吃掉100万只牡蛎，而且另有100多万只牡蛎被卖到国外市场。

漫长的生存历史并未让牡蛎具备处理人类如此庞大的消费能力的技能。但对于牡蛎和依附其生存的上百万生物来说，遭受灵长类动物的捕食只是问题的一部分。更严重的是，越来越多的城市和当地农场无限排放的污水会污染近岸海域，污水中同时含有原生植被土壤流失的数吨淤泥和沙砾。即便如此，估计每隔几天纽约港的全部货物就会被当地数不清的牡蛎过滤了，牡蛎喷出的每一口水都比吸进去的还要干净。再往南，每天切萨皮克湾的所有水域都会运送牡蛎和蛤，这一预估是基于20世纪初能繁衍后代的牡蛎数量及已知的牡蛎喷水能力。只有不到2%的牡蛎、蛤蜊、螃蟹、海绵和油鲱（这些动物在切萨皮

1　英美制面积单位，1英亩约合6.07亩。——编者注

克湾曾数量庞大）现在要应对大量的淤泥、污水和藻类。

20世纪40年代我还是个孩子，那时北美地区的海洋野生动物已受到极大伤害。不过，仍有很多人狩猎和采集在沼泽和毗邻大西洋西部边缘入口生活的野生动物，这是他们的谋生手段。船工，即水上猎人，他们寻找、捕捉和销售野生动物，不需要长途跋涉就能找到并采集鸭、鹅、蓝蟹、龟、鲈鱼、竹荚鱼、比目鱼、蛤，当然还有牡蛎。我见过一波又一波的迁徙鸣禽压暗了新泽西的天空，我也见过数万只野鸭和野鹅被我叔叔追赶躲进天然沼泽发出“呱呱呱”的声音时惊慌失措的样子，我的叔叔是一名以售卖猎物为生的猎人。我本人也知道作为猎者的兴奋：9岁那年，我把肉屑挂在渔线上，把渔线慢慢放进沼泽反向水道干净的深蓝水域中，突然一群蓝蟹伸出浅色的爪子咬住了鱼饵。那种兴奋的感觉我永远忘不了！

每周五，一辆大轮子卡车会“咔嚓咔嚓”朝我们家位于新泽西州的农舍驶来，摇铃声和渔民到达的嘈杂声混在了一起。白肉的比目鱼、深橙色鲱鱼子、蓝蟹在闪闪发亮的冰堆和硬壳的牡蛎中活蹦乱跳。有时，我父亲最爱的小圆蛤被埋在冰堆下。所有的海产品都是渔民捕捞的，他们就在新泽西州沿海东岸一带或特拉华湾的浅水海域工作。

对我而言，炖牡蛎就是灰色的咸牡蛎加上几碗热牛奶、一块黄油、少许胡椒粉、一把又硬又圆的大蚝薄片，然后看谁能够找到小只的粉色豆蟹。把蟹和牡蛎一起炖熟，炖好的牡蛎被我和兄长们视为珍馐。事实上，被称为豆蟹的寄生者并不是寄生虫，像浮游生物幼体的豆蟹被当成微粒卷进牡蛎壳和组织的外套腔中，寄居在宿主牡蛎的外套腔中并长成指甲大小。豆蟹一生都寄居在牡蛎的丝质褶皱中，雄性豆蟹最终会离开朝一个方向前进，去寻找附近牡蛎壳里雌蟹的卵子进行受精。孵化的受精卵长成像虾一样的小蟹，大部分豆蟹都被海洋里的其他生物吃了。少数幸运的豆蟹找到了可寄居的牡蛎并繁衍后代。在无数小型、中型、超大型生物上独居或群居的极小生物群共同组成一个生态系统，这个生态系统至今仍存在，但从生物学、天文学、甚至是烹饪的角度说来，这个生态系统并不包括人类。

美丽的单壳贝类

目前已知的软体动物约有10万种，其中有十多种属于可食用牡蛎。人类吃的其他双壳类包括：南太平洋著名的巨型“蚌”，周打蚬汤中的硬壳蚬，一般炒着卖的蛏子，各种炒着卖的澳洲淡水岩鲈、蚌、蛤，甚至包括住在某些热带沙滩的斧蛤。人类也食用许多只有一个壳的软体动物和腹足类，特别是多种类的鲍鱼。在北美洲西海岸、澳大利亚、新西兰、日本、南非等有丰富鲍鱼资源的地区，人类似乎已有数千年吃鲍鱼的历史。但在其他情况下，当人类捕杀的动物数量超过动物的繁衍能力，麻烦就来了。20世纪初，在加利福尼亚州，大量的鲍鱼壳标志着人类对鲍鱼的商业用量达到了前所未有的程度，大部分鲍鱼都被当作食物，但也有部分鲍鱼被用于第二产业——如，用有闪亮七彩斜纹的鲍鱼壳制成纽扣。

人类筛选鲍鱼的程序相当严格，但由于主要捕捞的是大个头的成年鲍鱼，因此有些鲍鱼可以逃过被捕的命运。当孵化出的鲍鱼进入混乱的危险浮游生物区域时，筛选就开始了。在那个区域，有数百种其他动物会捕杀鲍鱼。一旦成了底栖生物，圆顶状的鲍鱼便像小坦克一样前行，以海草、红藻的嫩芽、海带的嫩叶为食。鲍鱼约8年左右才发育成熟，幸运的鲍鱼寿命可达数十年。

图片中的蛤是海洋中的天然过滤系统

奇怪的是，加州水域的鲍鱼数量在20世纪开始稳步下降，随后急剧下滑，但海獭的数量却稍有回升。这些皮毛光滑的海獭和鲍鱼共同在大型褐藻群中生存了约500万年，其中约有一万年，人类在北美沿海地区生活。最初海獭数量约有30万。17世纪中叶至1911年，猎人为了进行毛皮贸易捕杀大部分海獭，然而到了1911年，美国水域的海獭已得到充分保护。1938年，当加州海岸附近发现了最后100只海獭时，鲍鱼的数量相对较多。如今，加州中部海岸沿线有将近3 000只海獭，但鲍鱼数量却变少了。有些人认为这中间存在因果关系：海獭越多，鲍鱼越少。这还没把鲍鱼商业捕捞的影响算在内。没错，海獭吃鲍鱼，海獭还吃螃蟹、蛤、蜗牛、蛞蝓、海胆、海星、海洋蠕虫，以及其他许多能促进海獭血液新陈代谢的动物。

但生态学家认为海獭其实是鲍鱼最好的朋友：海胆会和鲍鱼争夺

食物，但是海獭吃海胆，海獭能减少海胆的数量。海胆和鲍鱼都吃海藻，但海胆繁衍速度更快，而且海胆吃掉的不仅是嫩海带，海胆还嚼碎成熟的大固着器和硬茎，主要是在大型褐藻群下方。在没有海獭的水域，海胆数量因为没有天敌而上升，鲍鱼数量却因为没有海带而减少。在一个健康的生态系统中，每种生物都有属于自己的一片领域，海带、海獭、鲍鱼、海胆，即使是一些和其他活体生物一起生存的人类也有属于自己的一片领域。好消息是随着人类更多地了解海洋系统，加上人类对海洋的保护，鲍鱼数量可以恢复。虽然海洋生物比例有点不正常，但幸好它们尚未灭绝。至少目前如此。

同样的事情也发生于粉红女皇凤凰螺身上。女皇凤凰螺是一种大型且味鲜的蜗牛，可食用也可加工成饰品。在19世纪，女皇凤凰螺对巴哈马和佛罗里达群岛的经济贡献非常突出，因此寿命较长的螺被称为凤凰螺——这是个自豪的称号。不可持续的捕捞给女皇凤凰螺带来了变化，1900年至今这些变化很明显。

女皇凤凰螺幼体和牡蛎、鲍鱼以及大部分海洋软体动物一起处于吃与被吃的浮游生物轮盘赌中。那些存活下来的女皇凤凰螺最初是单壳底层生物，面临着新一轮的掠食者：螃蟹、鱼和龙虾。撑过前2~3年的女皇凤凰螺可能会活20~30年。女皇凤凰螺至少在5岁时才长出独特的喇叭状壳唇，壳唇可以被用来制作壁炉架装饰、灯座或者时钟镶嵌物，珍视这些东西的人很重视壳唇。

在加勒比的一些地区，由空凤螺壳砌成的墙体、填铺的车道和成堆的空螺壳，让人不由自主地联想到那数百万盘（碗）海螺油炸面团、海螺酸橘汁腌鱼、碎海螺肉和海螺杂烩。它们不仅为附近的人类提供了热量，在被卖给不断增多的游客和海外市场时，它们还给人类带来了收入。如今，女皇凤凰螺在佛罗里达和加勒比海部分地区已得到了保护。最近伯利兹政府官员非常关心恢复大型女皇凤凰螺数量，这让我印象深刻。比尔吉特 · 卫宁是伯利兹黑鸟岛海洋学会研究站的创始人，受到他的鼓舞，我们潜水队里的一些人决定通过启动“购买并放生”的方法来推动当地经济同时拯救女皇凤凰螺的未来。我们整合资源，从当地渔民手中买了一些仍活着的女皇凤凰螺并将其运送到“禁捕”区附近的海草地。这么做不仅仅是将女皇凤凰螺带到另一片海域，更重要的是每只女皇凤凰螺都是被我们亲手送到水下安全的避风处，这个行为看起来很可疑，因此公园巡逻人员朝我们赶了过来。是可靠的比尔吉特运用他的外交技巧才让我们得救：“长官，我们刚才真的只是在把女皇凤凰螺放进禁捕区！”尽管我们真正的目的是拯救女皇凤凰螺。女皇凤凰螺仍会出现在游轮的菜单上和佛罗里达州以及整个加勒比地区的餐馆里，同时从大部分生存环境中消失。

聪明的头足类

软体动物部落里有一些极富卓越诡计、好奇心和运动技能的头足类。因此科学诗人洛伦 · 艾斯利曾经说过：“这在‘人类’看来很聪明，因为它们从未上岸。”洛伦指的是头足类动物：章鱼、鱿鱼、墨鱼和鹦鹉螺。这些头足类动物都有独特的眼睛、智慧，而且它们吃肉，不存在以植物为食的头足类动物。头足类动物在海洋生态系统中的重要地位是无法估量的。以鱿鱼为例，大群的鱿鱼吃比它们小的猎物，随后又成为以鱿鱼为主食的掠食者的猎物。

鱿鱼中最著名的是大王鱿，大王鱿可能是世界上体型最巨大的无脊椎动物。大王鱿有公共汽车一般大的躯体，比足球大的眼睛，触须展开时可能比身体主干还长，不管从哪个角度看，大王鱿都是庞大的动物。在佛罗里达州萨拉索塔莫特海洋实验室里，一名参观者盯着陈列着的8米（27英尺）长的鱿鱼标本说道：“这是一个月大的鱿鱼。”格雷·马歇尔有一部可以放在鲸鱼背上的吸盘式支架相机，他认为“鱿鱼是深潜冠军抹香鲸的美餐”。格雷想拍摄软体动物和哺乳类动物交锋的传奇故事。史密森学会头足类动物专家克莱德·罗伯认为鱿鱼是“天赐祥瑞”。麦克·迪格瑞曾在野外观察并拍摄了更多的头足类动物，他在实验室里发现那些奇特的动物可以做出惊人的举动，他认为章鱼是“最神奇的动物”。

当我独自一人坐在夏威夷拉奈岛沿岸那起伏海平面下396米（1 300英尺）的一艘小潜水器里时，一只发亮的银红色鱿鱼非常好奇地盯着我。起初我误以为这是一个漂浮着的大垃圾，所以我绕开它，然后我看到了鱿鱼的眼睛。当我调头把潜水器朝鱿鱼开去，它后退了一点，但我一直在等待，后来它靠近了。我继续驾驶潜水器，我想从另一个角度观察鱿鱼，但是鱿鱼跟着潜水器一起移动。我们在水里共舞了一个小时，向上游动了305米（1 000英尺），双方对视着，任何一方都可以选择离去，但我们僵持着，一直到最后我只好无奈地返回水面。

在靠近悉尼港口的海平面以下15米（约50英尺）处，有一只浅盘大小的带花边的、金色斑点乌贼，它来到我身边，就在我停下来观察海带绿叶丛的地方。我本来是平躺在海底，但我翻了个身，面对十条朝我伸来的试探性触须。作为回应，我伸出了十指，双方互相触摸并仔细观察彼此数分钟。最后，由于氧气供应不断减少，我只好离开海底，当我上升时，它滑进了海带庇护丛中，我在想金乌贼是不是也有思考的能力。当我在亚洲市场上看到——新鲜的、冷冻的、干燥的或烹调好的美味乌贼时，我不禁想：在海底世界遇到像乌贼那样好奇又美丽的异物肯定会成为头条。

信天翁是一种能在公海上生活超过一年的大型海鸟，小型海洋鱿鱼是信天翁的重要食物，也是其他海鸟群、鱼类和哺乳动物的主食，这些动物通过吃鱿鱼获得太阳在食物链中转换的能量。有些鱿鱼已经成了赚钱的旅游热点，特别是拇指大小的“萤火虫鱿鱼”，它们全身布满了微小的发光体。当它们被困在渔网里时，每只小鱿鱼全身会发出炽热的靛蓝光芒，会发光的墨把周围泛着蓝光的海域映衬得格外耀眼。凡是在市场上见过它们那僵硬的身体像罐头盒里的饼干一样整齐排列着的样子，任何人都难以把这样的画面与它们在大海中那犹如蓝色闪电般鲜活的身影联想在一起。

人类每年捕捞的鱿鱼约300万吨，捕捞者一般首先用强烈的光束吸引鱿鱼，然后用网或鱼钩的自动钓丝戳中并提起鱿鱼，将其放在水面舰艇甲板上的箱子里。阿根廷巴塔哥尼亚大陆架边缘高产鱿鱼的水域引来了很多鱿鱼船，因此俯瞰大部分南美洲主要城市时会看到鱿鱼船发出的亮光。在加利福尼亚州蒙特雷市，渔船上的光可作为方圆数英里的灯塔，这些光在吸引数百万动物聚集产卵或沦为食物又或作为高价野生动物诱饵的同时，破坏了海底和天空的和谐。

海洋里有300种左右的章鱼和鱿鱼，这些生物祖先的化石记录可追溯到五亿多年前，比恐龙早3亿年。人类基因一直到头足类动物存在后约5亿年才出现！看着章鱼、鱿鱼或它们的近亲乌贼的眼睛，我对生物居住在海底以及生物认真地盯着我看感到不可思议。这些生物的价值在于作为历史的使者，它们承载了与地球生命息息相关的宝贵信息，这些生物活着时候的价值远比作为诱饵、牲畜食物或偶尔作为人类食物还要大。然而，在整个20世纪很少有人关心大规模捕捞这些远古生物带来的后果，直到21世纪，世界上“拯救头足类动物”的支持者也并不多。

引人深思的食物：以智慧而闻名的章鱼

战亡：章鱼是健康海洋系统的重要组成部分

大大小小的甲壳动物

同样，从海洋里捕捞大量的甲壳纲动物，比如螃蟹、龙虾、对虾和磷虾，并没引起多数人去关注甲壳纲动物数量的上升或下降，那些喜欢吃甲壳纲动物的人除外。甲壳纲动物和软体动物一样都是古老的生物。地球上动物界最大的一门节肢动物门包括了6万种左右的甲壳纲动物。这些节肢动物的陆地同类包括昆虫、蜈蚣、蜘蛛和其他“有多条腿”的动物，没有人知道它们有多少种，估计有100万到3 000万。大部分动物维系着地球的运转，包括甲虫、蜜蜂、蚂蚁、片脚动物、等脚类动物、磷虾和螃蟹，但大多被忽视，而且有很多不为人类所喜爱，人类并未意识到自己受益于这些动物的存在。

许多海洋动物，比如鱿鱼，能够发射蓝绿色的强烈光束，这些光束在水下305米（1 000英尺）左右处的黑暗深海中很有帮助，对于半年没有太阳光的南极也很有帮助。严格来说，南极大陆不属于任何人，但根据国际条约，南极大陆及其周围的冰架自1961年起已通过预先阻止商业开发行为得到了保护。《南极条约》和《南极海洋生物资源养护公约》限制了各国在南极海域的行为。《南极海洋生物资源养护公约》旨在“保护南极四周海洋的环境及其生态系统的完整性，养护南极海洋生物资源”。这曾被解释为可以捕捞数百万吨的磷虾，但其后果至今尚未确定。在南极海域所有的生物中，微红似虾的南极磷虾是南极生态系统的关键物种，捕捞南极磷虾会改变整个南极生态系统。

20世纪80年代从南极水域捕捞磷虾被解释为是用于纠正磷虾“过剩”的合理行为，磷虾过剩是因为缺乏以磷虾为食的鲸鱼，而鲸鱼缺乏是前期过度捕捞导致的。然而，在鲸鱼数量较少的情况下，数十种鱼类、企鹅、燕鸥、鱿鱼和剩下的海豹、海狮、鲸鱼可能会因为有较多可吃的磷虾而出现数量增多的现象。对这些动物而言，它们不太可能认为磷虾过剩会是个问题，更不用说需要靠苏联、日本、智利、波兰、韩国和新加入的挪威用工厂拖网渔船来减少南极磷虾数量了。

在甲壳纲动物中，只有少部分动物有十条腿，也就是包括龙虾、螃蟹和对虾在内的十足目，这些动物是人类垂涎的食物，但是它们和甲壳纲动物中的其他数千种动物是庞大生命组织中的重要组成部分，它们的存在能使海洋发挥作用。切萨皮克湾蓝蟹的地位高于蟹饼和蟹汤，20世纪蓝蟹数量剧减，数量同样剧减的还包括牡蛎、蛤、海绵和油鲱，这与它们所生存的海湾和其他沿海生态系统退化有关。20世纪后期，在阿拉斯加水域捕捞百万吨体型巨大且多棘的帝王蟹毫无疑问已破坏了生态环境。1980~1983年，渔获量降到了原来的1/60左右，有些人说这是海水变暖或者是“鱼类过度捕食幼小螃蟹”的结果。但20世纪之前，在帝王蟹悠久的历史中，它们所害怕的事物并不包括穿着黄色雨衣的灵长类动物——人类。

十足目包括一些令人惊叹的小虾，这些小虾已和许多不同门动物产生了至关重要的联系。有些小虾栖息在海葵柔滑的触须中间，它们对导致大多数小型生物昏迷或死亡的刺细胞免疫。另外一些小虾就像深红色装饰那样栖息在具有强尖锐齿的海鳗周围，这些小虾以碎屑和鱼的寄生物为食。在健康的珊瑚礁里，周边一带的鱼类都知道清洁虾站点，当石斑鱼、鲳参鱼、鹦鹉鱼以及其他鱼游来游去等待清洁虾为自己服务时，通常会造成海底交通阻塞。清洁虾会吃掉鱼类身上的死皮和寄生虫。不知怎么的，当这些清洁虾跳到我胳膊上，用它们小钳子般的螯清理我认为已经很干净的汗毛时，我总是很高兴，却又很不安。有一次，我看到有个潜水员拿掉潜水咬嘴，让几只饥饿的清洁虾跳到他的嘴唇上，清洁牙齿之间的缝隙。

中国有句古话：“大鱼吃小鱼，小鱼吃虾米，虾米吃泥巴。”实际上虾吃的不是泥巴，但是也有许多种虾，其中包括几十种虾和商业性捕捞的对虾，它们的确食用岩屑，岩屑是沉淀在海底的有机物质，在海底作为清道夫的甲壳纲动物过着舒适的生活。从海里捕捞这些重要的动物，无止境地把它们用在烧烤、煲汤和鸡尾酒宴会上，或把不拨壳虾堆在一起煮、炒、蒸、烤看起来并不是明智的选择，特别是捕捞虾的拖网把虾从海里拖到地面上会对海底造成永久性的破坏。

虾有大约30个大爪子的表亲——龙虾，世界上已经有很多烹调龙虾的食谱，而从海洋生态系统中捕捞龙虾已经引起的争议比食谱数量还多。龙虾中包括美洲螯龙虾，也称美国龙虾，这种龙虾是新英格兰的标志。1895年，生物学家弗朗西斯·霍巴特·赫里克仔细研究美洲螯龙虾后说道："过去这么多年，我们目睹了龙虾捕捞业的异样，随着捕获量逐年上升，龙虾捕捞业日渐衰败，但是龙虾的捕获量越小，捕捞陷阱和渔民数量就越不断增加。"

赫里克指出，1886年仅在加拿大水域捕捞的龙虾就有9 000万只，主要捕捞的是新斯科舍省的龙虾。由于龙虾初孵化的幼虫需要度过充满危险的五六年才能在外形、食性和栖息地等方面有大变化，长成约一磅重的"大只"龙虾，因此，任何一只龙虾长到性成熟都是一件不可思议的事，更别说很多龙虾能长到更大。寿命长达30~40年的龙虾所经历的一切更是令人无法想象！

更多的扩展研究正在弄清在人类这一残忍的掠食者出现之前，海洋生态系统是如何运作的？海洋动物会采取什么样的生存战略来应付人类这一突然闯进的大威胁？自然健康的生态系统中不存在多余的龙虾等着人类去捕捞。不管人类捕捞了哪一种龙虾，这对于那些在人类出现前早就喜欢吃龙虾的动物来说都是一种损失，而且也是对海洋总体能量流的一种破坏。从宏观角度来看，海洋里某区域生活着9 000万只龙虾可能是个小数目，但是年复一年的9 000万只的捕捞量，加上从更多较大海域捕捞等量的其他动物会放大整体的捕捞数量，最终这种捕捞行为将不可避免地狠狠撼动整个海洋生态系统。

一百多年前，愤怒的赫里克针对美国龙虾在其厚重的书卷里写下这样一段话：

因为文明人目光短浅且极度自私，他们接二连三地消灭了地球上一些最有趣和最有价值的动物……一旦人类有办法像进入森林和平原那样进入深海，那么很容易想象他们将会大大破坏海洋。的确，因为海洋看起来是无边无际的深渊，所以海洋看似有取之不尽用之不竭的动物资源。但是，我们容易忘记，其实海洋生物可能和它们的陆地同类一样都是有限的资源，而且这些生物可能也已经很好地适应了海洋环境。

20世纪，进入“海底世界”的技术也得到了迅速发展，与此同时越来越多的人想吃龙虾和其他海洋生物。如赫里克所料，在19世纪下半叶和20世纪上半叶，数量丰富的品种已经开始减少。然而，尽管北美洲的龙虾和捕虾人的数量有比较大的起伏，海岸带生态系统也发生了极大的改变，但是在沸水中从光滑的绿褐色变成令人震惊的橙红色的龙虾在新英格兰海洋生物总捕获量中仍占很大比例。龙虾持续大量繁衍的原因可能和各种保护政策有关，这些政策用于保护大幅减少的鳕鱼、大比目鱼、海豹、海狮、鲨鱼以及其他掠食者。实际上，在限制捕捞龙虾的数量时，人类已经吃掉了龙虾的捕食者。

约有40种有科属关系但无螯的多棘龙虾，这些背上有棘的龙虾生活在全球温带海域。由于多棘龙虾和昆虫远亲有相似之处，因此它们普遍被当作昆虫。可能在数千年之前，当人类第一次见到甲壳纲动物之后，人类就开始食用多棘龙虾了。1900年之前，全球温带和热带海域里的多棘龙虾数量可能会吓坏当今的“捕虫猎人”。即使是在20世纪50年代，当我第一次在佛罗里达礁岛群的海域进行海底探险时，多棘龙虾几乎随处可见，它们长长的触须像是从岩礁和裂缝中长出来的一样。

作为一名生物学系的学生，我对多棘龙虾怪异透明的幼体有些了解。这些幼体有长的柄状眼，透明的螯，和《星球大战》里坐在吧台上的外星人看起来就像是一家人！过了近一年被数千次咬伤的日子后，逃过死神的魔爪，多棘龙虾幼体在接下来2~3年必须在海草场和珊瑚礁里存活，在这种生存环境下，有时候多棘龙虾幼体很难分辨出谁是猎物谁是掠食者。蛤、蠕虫、各类尸体对于成长中的幼体和成年龙虾来说都是标准的食物。以咀嚼珊瑚为食的蜗牛最后会被龙虾吃掉，这样的食物链有利于所有参与者，包括蜗牛。过多蜗牛就意味着太少的珊瑚，又或者太多的珊瑚意味着有疾病侵袭蜗牛。生物稳定数量的恢复需要一段时间，大概一千年，但假以时日，一切都会得到妥善解决，这样一来所有个体在珊瑚礁生态系统里都会有属于自己的生存空间。

直到20世纪初，佛罗里达州才真正开始商业性捕捞龙虾，尽管捕捞量减少了很多，但是该行为一直持续到21世纪。加州健壮的大型多棘龙虾同类曾经支持过一个主要产业，但专注于龙虾研究的生物学家赫里克在1911年说道："加利福尼亚的龙虾……常被大量捕捞，但实际上在二十年前……该物种就已经因过度捕捞而面临灭绝的危险。"同样的故事还发生在地中海和南非，澳大利亚和遥远的加拉帕戈斯群岛——在短短数十年里，人类放肆地吃了大量历经数千年进化而来的海洋生物。

过去数年，作为一名海鲜吃货，我学会了如何用十字镐、锤、叉和开蚝刀把龙虾从复杂的龙虾壳中取出并品尝每一口鲜美多汁的虾肉。但既然我知道了这些古老生物的未来岌岌可危，知道了龙虾对于珊瑚礁健康的重要性，我决定不再吃龙虾，希望没被我食入腹中的每一只龙虾在某处都繁衍了后代，希望我能像龙虾那样为海洋的健康做出重要贡献。

也许我们的祖先不知道捕杀动物的后果，所以我们可以原谅他们导致猛犸象、渡渡鸟、海牛和僧海豹灭绝的行为。但是，如果我们没有从过去和现在吸取经验，如果我们不重新审视自然、保护自然、尊重自然，那么我们将无法被后人原谅。

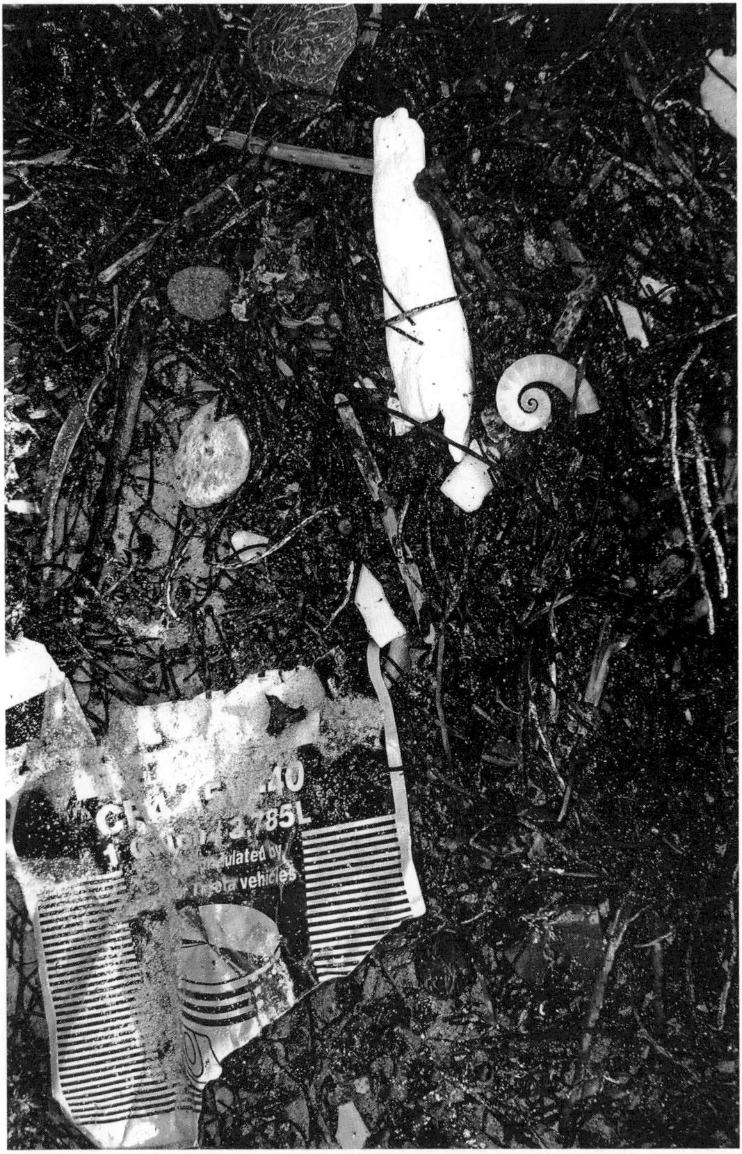

伯利兹某海滩：现代社会产生的废料和漂流到海岸的杂物

终端垃圾处理

❹

今天我们要谈的是垃圾……

只有我们人类才会制造出大自然消化不了的废物。

—— 查尔斯·摩尔，摘自2009年TED大会演讲

“垃圾岛和得克萨斯州一样大……”

“垃圾岛是得克萨斯州的两倍大……”

“垃圾岛是法国的两倍大……”

“垃圾岛和美国大陆一样大！”

其实，没有词可描述人类产生的垃圾岛的大小，也就是所谓的“大太平洋垃圾带”，这一垃圾带在北太平洋的洋流中打转。垃圾带和整片海域相连接，也就是连接了地球循环系统，从南极到北极的所有海洋都充斥着全世界人类丢弃的大大小小的塑料和废弃物品，细小的塑料碎片和废弃物品尤其多。就像现代考古学上的五彩碎屑，五颜六色的细小塑料片和瓶子、鞋子、盘子、水桶、叉子、勺子、杯子、

吸管、玩具、牙刷、打包绳、剃须刀、草坪椅、瓶盖、散热器、包装箱、包装袋以及洋流卷来的其他很多垃圾都漂浮在海面上，但最终这些垃圾都堆积在一些特定的海域。太平洋环流的东北部就是其中一个垃圾汇集海域，太平洋环流西部也对应有一片垃圾区。曾有人见过南极洲西部海岸和智利海岸外也有一片庞大的垃圾堆。墨西哥湾西北部也汇聚着很多的垃圾，与此相类似的还有马尾藻海。马尾藻海位于大西洋中，面积大约770万平方千米（300万平方英里），是一片平静的水域。马尾藻海素来以生长着大片漂浮的金色马尾藻而闻名，现在这里也汇聚着人类生活带来的各种奇形怪状的废弃物品垃圾堆。

那么大太平洋垃圾带到底有多大呢？实际上整片海域本身就是个垃圾带。过去30年，每次我潜水的时候，不管是用呼吸管浮潜还是在深潜潜水器里，我都会看到一些垃圾，并且有很多种类。有一次，当我驾着“深海漫游者号”（*Deep Rover*）潜水器到海底305米（1 000英尺）以下，花了近一个小时的时间接近一种奇怪的闪闪发光的深海生物时，最终却发现我的小心翼翼不过是为了不吓跑一个半掩埋的苏打水罐子。在深海里，从挪威斯瓦尔巴德群岛北极圈以北的高地到与南极岛屿遥远南部接壤的海滩上都有闪闪发亮的垃圾堆。

当然，哪里有人，哪里就会有人一直往海里扔东西——陆地上的垃圾也是一堆又一堆。但现在70亿人已经往海里扔了许多难以被陆地或海洋降解的垃圾。此外，20世纪流传着这样一种观念：无限的石油资源让人们相信石油制成的塑料从本质上来说也是无限的。

源源不断的塑料

海洋里数量最多、麻烦最大、时间最长、后果最致命的垃圾一定是塑料。2008年，美国海洋研究委员会报告把“塑料”定义为：一种以高分子量有机物质为主要成分的材料，可任意变成各种形状，因此可形成各种三维状态，包括各种常用的材料，比如聚丙烯、聚乙烯、聚氯乙烯、聚苯乙烯、尼龙、聚碳酸酯等。

报告还将海洋垃圾定义为：具持久性的、人造的或经加工的固体废弃物，是人类直接或间接，有意或无意，处置或丢弃进入海洋环境的。这就意味着北俄罗斯核潜艇往海里丢弃的一切东西，以及人类周末郊游从船上扔下的塑料泡沫杯都是海洋垃圾。

尽管20世纪70年代以及在这之后出生的人认为人类离不开塑料，但我认为没有塑料，人类依然可以存活。塑料已悄然融入人类社会的各个方面，凭借其用途多样性、耐用性、可变性和最平凡、最奇特的造型引诱人类使用它们。我用塑料牙刷刷牙，用塑料梳子梳头，踩着塑胶鞋底的鞋，穿着塑料制成的“毛呢大衣”。不过，我记得有这么一个年代——尿布成分只有布，杯子是金属或陶瓷材质，没有塑料袋。那时，尽管没有塑料，但凡是有人的地方，所有人类文明都相处得很好，直到过去几十年才有了变化。我们可以重新过那样的日子，但塑料的存在与否并不是问题所在，问题在于使用期短暂且被永久丢弃的塑料数量会永久地改变世界的性质。

自然循环和人工净化

所有这一切光明的一面是——终有一天，即使人类造成多么严重的影响，也会被健康的自然系统缓解。有一次，我发现一只大胆的寄居蟹把整个尾部都塞进了一个废弃的拜耳阿司匹林瓶子，这个时髦且轻巧耐用的瓶子可用于替代传统的蜗牛壳。在附近的礁石上，一只钝额曲毛蟹（伪装蟹）已经巧妙地躺在一个一次性的调味番茄酱容器上，其周围有少量水藻、水螅和伪装类动物。这个番茄酱容器的确成功地帮助钝额曲毛蟹和其他垃圾混在了一起。

1975年，在执行美国国家地理学会的一次任务中，我花了数周时间探索丘克潟湖的二战沉船，记录坦克、飞机、卡车、大炮、圆形大水雷、弹药箱的变形，还记录了这些船只如何成了鹦鹉鱼、雀鲷、狮子鱼、神仙鱼、小虾虎鱼和大鲳鲹以及包括珊瑚在内的所有珊瑚礁生物的美丽家园，这里可真是个令我流连忘返的地方！一旦知道船沉到海底的准确时间，我便能够知道某些物种的最低增长率并追踪整个群落的发展情况。船舶上的植物和动物并不是奇迹般地出现，而是从附近的水域移到船上的，那些水域没有被炸弹轰炸，也没有被柴油污染。蓝潟湖潜水商店的潜水高手吉米欧·艾瑟克在孩提时代见过沉船事件，他告诉我："爆炸的炸弹和炮弹在天空和海洋中轰隆隆作响。到处都是死鱼，海滩遭黑油污染数月。"但是，他眺望着现在平静的珊瑚礁和海洋，补充道："现在，海洋已经愈合了。"

没错，海洋是愈合了。但是，疤痕依然存在于人类发动战争、丢弃船只、疏浚渠道、倾倒垃圾的所有地方。玻璃瓶和金属罐被扔进海里时是不易被察觉的，但它们几乎都是惰性物质。随着时间的推移，易拉罐会一点一点被腐蚀，但是耐用的玻璃似乎不受影响。章鱼、虾虎鱼、甚至是年幼的石斑鱼都会把广口瓶和易拉罐当作避风港，而被珊瑚和藻类包围的老旧瓶子，数百年后捞起时会被当作珍品。对于在海滨捡漂浮物的人来说，多年来那些被冲到沙滩上磨平棱角、磨光表面的海玻璃和玻璃碎片都是宝贝。但是，那些刚碎掉的玻璃，正如许多赤脚游泳者们发现的那样，扎得脚痛！

大件垃圾会影响市容，而有些垃圾，尤其是塑料袋，对海龟、鲸鱼和鲸鲨来说是致命的，因为吞了无法消化的塑料袋会塞住它们的消化系统。2007年，有一头鲸鱼冲上了加利福尼亚州的海岸，死于“不明原因”，但它的胃里有181千克（400磅）塑料。遗失和废弃的渔具会缠住并杀死海洋哺乳动物、鸟类、鱼类和其他海洋生物，船螺旋桨和潜艇也会引发同样的重大问题。就连潜水器也会因为撞上旧渔网而停止运作，比如2005年8月那架被困在白令海峡的俄罗斯潜水器。在撞上被弃的渔具后七名水手获救了，但大部分海洋哺乳动物、海龟、鸟类和鱼类撞上渔具却只有死路一条。

有些被缠住的海豹、海狮、水獭和鲸鱼相当幸运，有幸让志愿者队伍把它们从引起疼痛的单丝项圈和渔网中放出来。这些志愿者必须具备特殊技能、能够妥善处理活力四射的大型动物，因为那些动物可不明白救援人员是出于好意还是恶意。在夏威夷有一支特殊的志愿者团队已经成为专家，他们能把座头鲸从螃蟹陷阱中解救出来，这些座头鲸身上仍贴着原产地标签，标签显示它们是沿着阿拉斯加水域被一路拖过来的。

现在世界各地展开的海滩清洁工作有助于减少被冲上岸的大量垃圾，一些沿海地区动员潜水员捡拾废弃渔具、近水的塑料和所有的日常丢弃物。于是我们得以看到被丢进海里的各种东西，甚至包括厨房水槽。海洋保护协会的总部位于华盛顿，该协会是一个非营利组织，1986年在美国成立，负责记录每年的海滩清洁工作，1989年发展为国际性组织。在2008年9月某日的海滩清洁中，来自104个国家的近40万名志愿者共捡了300万千克（680万磅）垃圾，大部分是海边捡来的，有些则是沿着内陆水域捡起的。毕竟，所有河流终将汇入大海，河流里的有毒物质最终都会流到海洋里。在这些志愿者当中有10 600名潜水员，大多数潜水员都随身携带割刀，用以割断撒在多鱼水域里数英里长的细线和渔网。

该协会跟踪并记录了43类垃圾，这揭露了人性本质的点滴。排前十名的垃圾种类占了垃圾总数的83%，下面是根据比例由多到少列出的垃圾排名：

1. 烟头
2. 塑料袋
3. 食品容器
4. 瓶盖
5. 塑料瓶
6. 纸袋

一个内容物未知的圆桶破坏了佛罗里达州某珊瑚礁

7. 吸管和搅拌棒

8. 杯子、盘子、餐具

9. 玻璃瓶

10. 饮料罐

塑料球、颗粒和染料

小的塑料片、较大物品的碎片和无数的塑料球不太容易被发现，较难捡回并且更可能成为隐患。这些塑料球看似是灰白卵石，然而试生产的塑料球随后会被熔化并塑造成数千种产品，包括果汁壶、公仔、灯罩和椅子。每年石化产品制成的塑料球超过1 130亿千克（2 500亿磅），用货车和邮轮运输，随后装进集装箱并载到全球各目的地。颗粒很轻，有弹性且难受控制，很容易就被冲进排水沟、河流或直接流进海里。有些被添加进美容用品“磨砂膏”的颗粒在被清洗后会滑进管道，最终流入大海。

在一个凉风习习的日子里，我从旧金山经过海湾大桥到奥克兰，目睹了成千上万从车上掉下的塑料泡沫包装颗粒随着车流乱窜，有些颗粒打到挡风玻璃上，另外一些颗粒随着轿车和卡车滚滚向前，最后都飘进了旧金山湾和更远处的开阔海域。有些颗粒可能正在墨西哥湾、斐济和日本的海滩上享受日光浴。同样，我想象着这些小塑料颗粒的大规模迁徙，从某处漏出，顺着风和水运动，沿着高速公路跳进最终的垃圾处理场——海洋。

无论是哪种方式，只需约40年的时间，塑料球和其他颗粒的数量就能和世界各地海滩上的沙粒匹敌。在海滨生活的孩子将这些珍珠状的塑料球称为人鱼的眼泪。

从地理角度说，有些沙子是贝壳碎片、珊瑚碎片和珊瑚藻带来的，这些沙子的沉积速度可能相当快。其他沙子最初的样貌是大山脚下的巨砾，这些巨砾会碎成岩石，岩石再变成鹅卵石，鹅卵石最终成为玄武岩、花岗岩、石英和其他矿物的碎砾，这个过程可能需要一亿年左右。这是一个惊人的想法。未来的地质学家会精确地将我们的时代标志为“塑料生代”，这是塑料片第一次开始出现在海滩上的时代。

人类学家和海洋探险家托尔·海尔达尔告诉我，1947年，在他著名的孤筏重洋探险中，他和他的船员在原始南太平洋海域航行了数周，那里并没有人类存在的迹象。然而，1969~1970年，在乘坐“太阳号”（*Ra*）草船横越大西洋时，他说：“我们一直看到海面上有漂流的垃圾。”托尔被这些废油团和垃圾吓到了，其中包括首次出现的漂浮垃圾，他给联合国和普通大众敲响了警钟，但很多人并不相信托尔，认为他夸大了海洋垃圾污染情况。尽管如此，随后仍有一些后续报道，很快人们就看到了海面上随处都有被丢弃的垃圾。

五年后，美国国家科学院发表的一份报告称人类每年往海里故意倾倒的垃圾超过60亿千克（140亿磅）。大多数垃圾来自商船，但约4.5亿千克（10亿镑）垃圾源包括渔船、客运船舶、娱乐船、石油钻井平台及其他。这60亿千克垃圾中并没有军舰产生的垃圾，但到了20世纪90年代，美国海军舰艇产生的所有废弃物都被丢弃在海里，一艘大型舰艇每天产生的垃圾超过450千克（1 000磅）。

1988年，管理海洋废弃物的国际公约生效了，该公约是《防止船舶污染国际公约》附则五。附则五禁止丢弃塑料，但允许往大海扔其他垃圾。美国执行的是《船舶污染防治法令》，该法令规定往海里扔塑料是违法行为并对其他垃圾的丢弃做出了一些限制性规定。制定法

加拉帕戈斯群岛：一只海鳗善用废弃轮胎

律是一回事，执行法律又是另一回事。20世纪90年代，我于深夜乘坐客轮在印度洋上航行，亲眼看到船员往海里扔下装满垃圾的大塑料袋。垃圾袋在月光下跃动，渐渐消失在地平线处，但我肯定它们会重新出现在某个遥远的海滩或海底。

受到托尔的鼓舞，加上自身对海洋垃圾的深切关注，探险家和环保主义者大卫·罗斯柴尔德想出了一个方法来唤醒全球保护海洋环境的意识，并鼓励产业聚焦双赢的解决方案来处理塑料污染。每年，仅在美国使用的塑料瓶就有390亿个（每5秒约使用200万个），其中只有20%的瓶子被重新利用。罗斯柴尔德不是把信息装进瓶子里，而是用数千个瓶子拼凑了一条信息。

“普拉斯蒂奇号”（*Plastiki*）游艇是用回收来的废旧塑料瓶建造的，高18米（60英尺）。2009年，大卫·罗斯柴尔德驾驶“普拉斯蒂奇号”从美国旧金山起航，经过太平洋大垃圾带，通过南太平洋岛屿，前往澳大利亚的悉尼。游艇上有几名船员记录航程，其中包括托尔的孙女乔赛亚·海尔达尔，他们向世界各地的关注者实时发送海洋现场报道。“普拉斯蒂奇号”最终没有被馆藏也没有被扔进垃圾场，它因倡导“变废为宝”的绿色环保理念而生，也许最后该游艇会和羊毛一样变成其他东西。“既然我能完全用可回收的塑料瓶建造一艘船并驾驶它横越大洋，那为什么人类不能针对日常用品实践并推行物质循环，用‘摇篮到摇篮’取代现在‘摇篮到墓地’的经济生产形式呢？”罗斯柴尔德问道。他对变废为宝的想法感到很满意。

有几家公司正在生产设备，目的是将海滩垃圾转变成用于建筑物的实心砖和电路板。在海滩清洁工作中收集的塑料瓶可以回收开发新用途。从浮游生物中挑出垃圾碎片更加具有挑战性，用于拉出塑料碎片的工具也会伤到浮游生物。对此查尔斯·穆尔如是说：“最好从源头上停止塑料垃圾流。”退休商人查尔斯是首位对托尔·海尔达尔的海洋塑化警告做出积极回应的人，他同时也是一名冲浪运动员和船长。

1997年摩尔驾船前往夏威夷碰巧经过太平洋大垃圾带。当摩尔到达这个看似不知名的巨大岛屿时，一眼望去，到处都是塑料，他被这场景吓坏了。于是，摩尔驾驶着研究船“加利特号”作为海轮实验室，创立了加利特海洋研究基金，成了一名热心的海滩清洁大使。摩尔多次把船开回到垃圾带去探索并记录数千平方英里那种类繁多的塑料。摩尔致力于让人类意识到只使用一次就扔掉的习惯带来的后果，鼓励人类采取行动，防止人类进一步破坏已经伤痕累累的海洋。

1999年，在一次探索中，摩尔对比了从太平洋垃圾带中用细网拉起的标本里的浮游生物和塑料碎片的重量和数量。天呀，塑料碎片的重量竟然是浮游生物的六倍！也就是说，一磅浮游生物身边有六磅垃圾，每一吨浮游生物身边就有数吨致命的垃圾！

十年后，在加州长滩2009年的TED大会上，摩尔头戴帽子，颈上配着一条彩虹色项链，这引来观众一阵笑。帽子和项链都是他用塑料编织成的。大会结束后，他向我展示了一个装满刚采集来的浮游生物标本罐，这些小动物在五颜六色的垃圾碎片中迷失了。他说："这种行为必须停止，人类这么做是在毁灭海洋。"

作为一名生物学家，我探索过很多海域，陶醉于海洋里无处不在的微动物园，园里有小水母、幼鱼、小海星、宝石般的箭虫、小螃蟹、虾以及无数像在过狂欢节的动物，这些动物大多数是透明的，有些会发光，它们总会制造一些我从未见过的盛况，也许其他人也未曾见过。能被太阳光照射到的海面是为地球提供大量氧气的地方，这里从大气中吸收了大量二氧化碳，产生了海洋生物链所需的食物能量。试问，在地球生命支持系统中起关键作用的海洋系统遍布塑料，就像一大锅塑料汤，这真的没关系吗?

当然有关系！海鸟会误食瓶盖、打火机、塑料泡沫片、注射器、玩具兵、乐高玩具零件。在中途岛、夏威夷西北群岛部分地区，研究栖息的信天翁和其他海鸟群的科学家们发现了数千死鸟的胃里塞满了数百片塑料垃圾。被冲上北海海岸的暴风鹱尸体中，有95%体内塞满了塑料，平均每只暴风鹱体内就有45个塑料片。

这也影响到一些小鱼，这些小鱼吃了难以被鸟类发现的塑料碎片。摩尔和他的"加利特"团队在检查太平洋中部的鱼胃内容物时发现几乎所有鱼的胃里都有塑料，最高的纪录来自一条只有6.4厘米（2.5英寸）长的小灯笼鱼，它的胃里装了84块塑料碎片。

医疗废弃物损害海洋健康

更小的垃圾碎片被下列动物吞食：1英寸长的磷虾、蚂蚁大小的桡足类和滤食性樽海鞘、蛤、牡蛎和贻贝。大型浮游生物掠食者，比如鲸鲨和蝠鲼一次会吞下好几加仑水、塑料和其他物品。无论摄入的塑料块、团块、颗粒或微粒体积是大型还是中等，是小型还是超小型，它们都通过物理阻塞、堵塞或用其他方式堵住进食口，从而导致动物死亡。这真是糟糕透了，但“糟糕”一词远远不足以形容后果。

塑料由含各种染料和其他添加剂在内的石油化工制成，成分的选择取决于其预期用途。尽管有些塑料是惰性且无害的，但所有塑料都不可供活物食用。塑料本身可能含有类似荷尔蒙的物质，被食用的话可能会成为内分泌干扰物质。有一些证据表明，这些“性转换器”可能会影响生态系统中处于高级食物链的海洋生物，其中包括北极熊。

更令人烦恼的是这些小件塑料聚合了海洋中的毒素——汞、防火剂、农药。在日本附近海域采集的颗粒标本含DDE（二氯二苯二氯乙烯，一种农药）及PCB（多氯联苯）的成分是周围海域的百万倍。不管怎样，生物体内积累的毒素都在食物链中，每当较大的鱼吃了小鱼，汞或其他污染物的含量就会加强。当吃进去的是含较强有毒物质的塑料结果就会更明显。

食物链中的塑料积聚以及有毒物质的化学含量似乎没有限制，这甚至波及了在海洋里生活的微生物群。塑料最终会分解成越来越小的碎片，但现在看来这些塑料性质非常稳定，即使在显微镜下观察，它们仍保有塑料特性。有毒物质给海洋化学带来的影响尚未知晓，但人类必须了解有毒物质的影响并将其纳入越来越多直接影响海洋健康和人类健康的问题当中。

食用海鲜的人应该问另一个问题：通过食物链摄入塑料的情况可能有多严重？如果我们食用的牡蛎、凤尾鱼或蛤，它们吃的不是小虾和海藻而是塑料，问题大吗？当含有有毒物质的塑料被小鱼吃了，很多小鱼又被更大的鱼吃了，更大的鱼又被比它们还大的鱼吃了，那么即使这些有毒物质一开始的含量很低，但这样一来，塑料含量就会变得越来越高。

零垃圾倡议

人类已经意识到海洋废弃物所造成的已知和潜在问题的严重程度。为了应对这些问题，2006年，美国国会颁布了《海洋废弃物研究预防和减灾法》。两年后，美国国家研究委员会中一篇受国会委托所做的报告总结道：海洋垃圾是最可能会恶化21世纪的一个危机。报告建议：不要往海里倾倒垃圾。写这篇报告的是该委员会的主席，来自阿拉斯加州的科学家基思·柯瑞多，基思说：“我们的结论是，美国必须起带头作用，和其他沿海国家、当地政府及州政府一起合作，更好地管理海洋废弃物，努力实现垃圾零排放。”

来自英国海洋保护协会的安德烈·克伦普有另一种想法。她指出：“每件垃圾都有一个所有者，每个人如果确保不乱扔自己手里的垃圾，那么情况将有所不同。”

我们花了一段时间提倡零垃圾排放，但也许这个概念最终会沉入深海。人类可以转移垃圾，将垃圾移动、掩埋或扔进海里，然后转身就走，但万物皆有联系，扔掉并不代表“消失”。

二、现实：

海洋危机告急，人海相依红灯亮

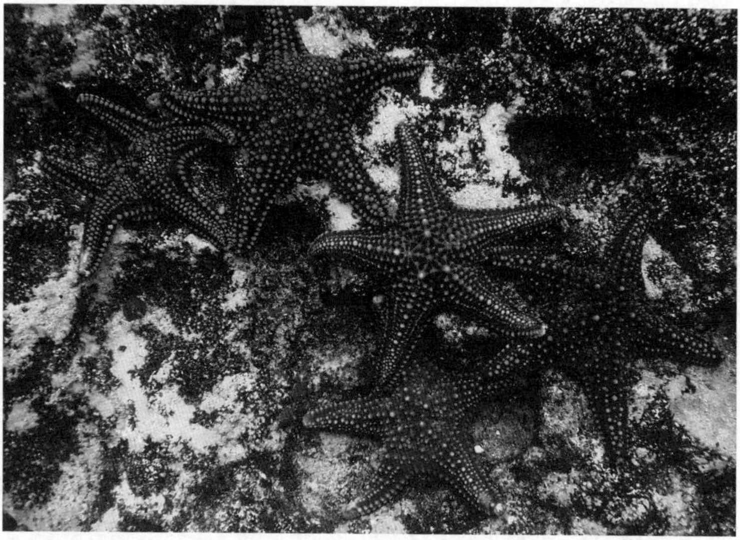

海星使加拉帕戈斯群岛的某处珊瑚礁更有活力

前页：夏日阳光照亮南极

生物多样性丧失：揭秘海洋生物结构

5

如果某一生物，经过几十亿年的演变，

产生了人类喜欢却不了解的机制，

除了傻瓜，还有谁会丢弃那些看似无用的部分？

保护机制的全部才是明智行为的首要保障。

——奥尔多·利奥波德《环河》（*Round River*，1953）

来地球寻找生命本质的外星人最有可能先着手于地球的独特之处——海洋。外星人可能会说：“沿着水寻找，因为所有的生物都需要水。看！海洋是蓝色的！”跳进海里，外星人很快就会发现地球人花了很长时间才恍然大悟的道理——世界上，或者如每个人所知的宇宙里，最大的生命丰富性和多样性就在那里，就在海洋里，即从海平面到海底最深处。

水本身是氢气和氧气的组合，作为一种液体，水可以溶解数千种其他化合物，获取并输送大量无生命物质，其中包括盐和沙子。但水本身并不产生氧气，不吸收二氧化碳，也不生成单糖。有些食品能给地球大部分生命提供能量，单糖是这些食品的基础。水本身也不会产生二甲基硫醚，二甲基硫醚周围的水会集聚形成蒸汽变成云，转而变成雨、雨夹雪和雪。海里微小的光合生物都在参与这件事，甚至做得更多。

奇怪的是，尽管人类已经付出很多努力去寻找太阳系和其他地方的生命，人们总会先问一个问题：哪里有水？有了水就可能有生命；没有水就没有生命。但是，在过去很长一段时间里，人类忽视了对地球水域生命性质的了解。这可能因为人类是陆地生物，靠呼吸空气生存，加上进入水面下几英尺的湖泊、河流和海洋也让了解过程变得复杂。不管原因是什么，总而言之，一直以来人类给予水域生命的关注相对较少。生命包括非常小的生物、微生物，也包括大多数光合生物和动物王国的大型动物，以及30门左右的无脊椎动物。和动物相关的书籍一般关注的是人类的同胞脊椎动物、哺乳动物、鸟类、两栖动物、爬行动物，有时也会关注一些鱼类。被严重忽略的是无脊椎动物，其中包括50万种左右的昆虫和大多数只生活在海洋中的动物，它们约占动物种类的一半。

生物多样性重要吗？

“为什么要关注海洋生物的数量和种类？”

“如果那些令人毛骨悚然的爬虫不能供人吃也不能用于榨油，不能喂食猪牛，那么它们有什么用处？”

“如果物种灭绝了，有人会在乎吗？恐龙灭绝了，猛犸象灭绝了，旅鸽也灭绝了，但是世界依然在运转。”

“如果鲨鱼或鲸鱼灭绝了，珊瑚礁灭绝了，世界会有什么不同吗？”

我在世界各地向大众表明自己的担忧时被问到很多类似上述的问

题。我的担忧是：人类对海洋生物的了解甚少，我出生至今的这段时间，海洋生物的消失速度非常快。人类正在失去的不只是个别物种，而是整个生态系统，这个生态系统充满很多未被命名的生物，它们在生态系统中的作用尚未为人所知。最好的回答是反问提问者："你是否想过移居火星？那里没有令人毛骨悚然的爬行动物！你还想呼吸吗？你是否准备好放弃水资源？放弃适宜的气候？放弃你和你所在乎的人的美好未来？"

上述问题涉及的情况以及其他更多情况都取决于蕴藏着丰富生物资源的蓝色海洋，人类已经从这个蓝色海洋中获得太多资源。对于过去40多亿年有着多次变化的地球而言，人类只是新来者。为了适应同毁灭恐龙的流星撞击一样惊人的偶发性地球巨变，以及开辟灵长类动

数十种生物栖息在纤细的珊瑚枝上

物的繁荣之路，过去数亿年，形成世界的基质已反复改变了地球的样貌。想从这些巨变中恢复和再生，需要很多时间，需要多种生物来重建生态、取得稳定。

基因库越小，生物就越脆弱，越不易抵抗疾病、风暴、气候变化或其他自然变化。生物种类越多，在混乱的时代越有可能出现能够处理并繁殖的幸存者。这条规律也适用于个别种类，如果所有毛茛同时开花，加上如果蜜蜂来迟，那么就没有花朵可供蜜蜂授粉。如果所有人都容易感染腺鼠疫、麻疹、肺结核，那么现在全人类可能已经灭亡了。

就生物多样性为何重要的原因，哈佛大学生物学家爱德华·威尔逊在其《生命的多样性》（*The Diversity of Life*）一书中给出了自己的看法：

> 生物差异——新说法是“生物多样性”——如人类所知是维护世界的关键。一个地方的生物受风暴袭击后很快能复原，这是因为足够的多样性依然存在。机会主义物种会趁机迅速进行次生演替占领空间，它们发生的演替会绕回类似环境的某些原始状态。
>
> 这就是花了十亿年进化的生物群。生物群……创造了世界，世界创造了人类。生物群维持着世界的稳定。

人类正在导致陆地上生物多样性的丧失是有据可查的，且已敲响了警钟。因人类出现而从全球生物宝库中消失的每一种鸟类、哺乳动物、昆虫或树木，每一种野生马铃薯、水稻或玉米，都意味着地球稳定性的降低，也意味着找到涉及食品安全健康和地球健康解决方案机会的减少。

当我还是个孩子的时候，我很喜欢拆卸东西——玩具、钟表、旧泵，现在我似乎还能听到父亲说："你有没有把所有零件都收好了？你知道如何重新组装吗？装好后能用吗？"

"除了傻瓜，还有谁会丢弃那些看似无用的部分？"奥尔多·利奥波德如是问道。

评估伤害

并非只有科学家和环保主义者在担忧物种丧失的问题。1992年，各国在巴西里约热内卢的可持续发展世界首脑会议上签署了《生物多样性公约》，截至2007年共有190个国家批准了该协议。该公约目的是保护地球生物资源的多样性。世界自然保护联盟数千名科学家和数百个机构整合的数据，提供对近些年人类活动导致多少物种灭绝的深入了解，并同时帮助评估现有威胁的严重性。

到目前为止，数百万物种中只有约50 000种受到评估，毫无疑问，科学家当然会优先评估开花植物和陆生脊椎动物。尽管如此，数量下降的趋势是明显的。每8只鸟中就有1只处于危险之中，每4头哺乳动物中就有1头处于危险之中，每3只两栖动物中就有1只处于危险之中。除此之外，高达73%的开花植物也处于危险之中。威尔森预测，按照现在的速度，到21世纪末地球上一半的植物和动物物种将消失。他指出"遗传多样性和物种多样性的丧失……是最不可能被人类后代原谅的愚蠢行为。"

20世纪初，海洋已经失去部分多样性，特别是虎头海牛、大西洋灰鲸、大海雀。毫无疑问，许多物种数量已经大幅下降，沿海开发和破坏性捕捞导致无数的小生物灭绝，但是没人注意或提及它们。

根据2008年的《世界自然保护联盟濒危物种红色名录》报告，现在在全球海洋物种中约17%的鲨鱼及其近亲处于受威胁状态，另有13%的鲨鱼处于近危状态，而仍有47%的鲨鱼，人类对其所知甚少，所以提供不了有意义的评估。具有讽刺意味的是，研究中获得的大部分信息都来自捕鱼活动，而捕鱼活动恰恰是鲨鱼生存的主要威胁。

所有种类的石斑鱼都位列众多濒危的海洋物种之中，它们被过度捕捞。有些鱼，包括我孩提时代在佛罗里达群岛所知的一种常见鱼——拿骚石斑鱼，现在已经成为濒危物种而且在美国水域受到全面保护。1998年，在佛罗里达州拉戈岛水下“宝瓶宫”实验室的一次研究探险中，我因为发现一条稀有拿骚石斑鱼而十分激动。这条拿骚石斑鱼幼鱼和我数年前遇到的那些鱼一样好奇和谨慎。可惜的是，我们6个人在“宝瓶宫”里住了一周却只看到这么一条。

哺乳动物也正在消失。比如，深受墨西哥人喜爱的小海豚——加湾鼠海豚仅存约100头，这些海豚生活在加利福尼亚湾上游；新西兰赫克托海豚的一个亚种和西太平洋灰鲸也各仅存约100头。全世界仅存约300头北露脊鲸，而这些北露脊鲸是这一种类唯一的希望。

所有海马物种也正在受到威胁，原因主要有两个：一是栖息地受破坏，这主要是沿海开发和虾拖网捕鱼造成的；另一个原因是为了服务中高端的亚洲市场而刻意捕捉海马，干海马可以用于很多药物的开发，包括催情剂。

海洋爬行动物也受到了影响。例如，7种海龟物种中就有6种受到威胁，而且都处于史无前例的低数值。在半个世纪内，太平洋97%的革龟已经消失，太平洋是革龟的主要家园。

2007年，珊瑚首次被列入《世界自然保护联盟濒危物种红色名录》，不是因为珊瑚先前没有受威胁，而是因为人类误以为海洋物种并不像陆地物种那样容易灭绝。还好加拉帕戈斯群岛的珊瑚和藻类研究用令人信服的证据提醒了人类，否则，群岛上特有的3种珊瑚和十几种海藻很快便会永久消失。

早期的《世界自然保护联盟濒危物种红色名录》认为，海洋生物中只有哺乳动物是易危物种。但现在这种认知已经发生改变，因为人类已经意识到海洋可能比陆地更容易受到人类活动的影响，其中最重要的是我们无法立即看到对海洋造成的破坏，所以才会这么不重视。此外，海洋在被严重开发之前的记录是不完整的。世界自然保护联盟物种项目主管简·斯马特在最近的一份报告中指出，海洋生态系统在各个层面都容易受到威胁：全球性的气候变化、区域性的厄尔尼诺事件以及本地过度捕捞都会危害到生态系统里的重要生物。

海洋物种有多少？

了解这个问题的重要性有助于我们去探索到底有多少海洋物种。我们现在讨论的生物种类究竟有多少呢？

公元一世纪，古罗马博物学家和历史学家老普林尼认为自己已经掌握海洋物种的数量。他列了一份记录着176种鱼类和其他海洋生物种类的名单，他确信："海洋中……不存在人类未知的生物。"

1700年之后，人类在海底发现的植物和动物数量已经增至数千种之多。在1858年，英国科学家爱德华·福布斯表达了一个大多数人都赞同的观点。他认为海洋生物的生活环境仅限于水下300英寻[1]，或者

---

1 一种计量水深的单位，1英寻约合1.8米。——编者注

说是550米（1 800英尺）以上的区域。他认为没有活物能够应对深邃海底的高压、黑暗和令人麻木的寒冷，他将这个区域称为无生物带。一些科学家认为，在一定深度以下，水压的逐渐增强导致从海面下沉的物体无法穿透海水，甚至连沉船、海上失踪的尸体以及各种宝物都沉不到海底，只会一直漂流。

“无生物带”的虚构信念和观点深植于英国“挑战者号”（*H.M.S. Challenger*）为期4年（1872—1876）的环球考察中，英国“挑战者号”的环球考察是人类历史上的首次海洋科学考察。船长的介绍就像是《星际迷航》（*Star Trek*）探险的开端：“我们已为在座的各位配备足够的仪器和设备，它们都是当代科学和实践经验的结晶及发明……在你们面前的是一片广袤的处女地。”随后是一长串没答案的问题——“海有多深？海底是什么样的？深海处有生命吗？”——科学家身负一个简单但综合的任务：勇敢地去别人从未去过的地方，“去探索深海的各个方面”。

“挑战者号”是蒸汽动力帆船。此次调查总航程达12.7584万千米（68 890海里），探索了北极以外的所有主要海洋盆地，绘制了3.62亿平方千米（140万平方英里）范围内的洋底，收集了近8千米（5英里）的洋流、温度和海底沉积物新数据。船员用渔网、拖网、鱼钩和其他遥控采样装置采集了数千个物种，其中包括4 417种前所未知的动物和植物。

自“挑战者号”环球考察之后，成千上万的潜水员和数百艘潜艇以及遥控潜水器都没能采集到海底某些地方的标本，一直到20世纪才有技术实现这个目标。这些探险家们大大增长了人类对海底生物种类、数量及其特性的了解。但是，这项研究仅仅是一个起点。到2000年，地球上已被描述和命名的物种大约有150万种。其中有25 000种左右是鱼类，包括淡水鱼和海鱼。至今为止所确定的海洋物种总数量约为25万种，其中包括蓝鲸、巨型金枪鱼、虾、浮游生物，细菌甚至也包括在内。

乍一看，这些数据似乎有些不对劲。陆地上的物种怎么可能比海洋里的物种还要多呢？生命离不开水，地球上大部分的水来自海洋。地球上97%的生命空间从海平面延伸至最深的裂缝、峡谷和海沟，几乎向下延伸了11千米（7英里）。生命起源于海洋。海洋已经花了大约40亿年演绎出了生命发展各种可能的变化，以及很多人类尚未想象到的东西。

事实上，人类才刚刚开始发现并命名海洋里的大量物种，根本还不了解它们之间是如何协同共存的。虽然关注物种是个很好的开始，但这有点误导意味，因为“生物多样性”不仅仅只是人类所说的物种多样性。彼得·雷文——监督美国生物多样性调查的国家委员会主席，他将生物多样性定义为：

> ……是全世界或某一特定区域内所有植物、动物、真菌和微生物的总和，是它们之间存在的个体差异，是它们之间的相互作用，是某些生物组成地球结构并且让地球运转，比如：从太阳获取能量并用该能力来推动所有的生命过程；通过形成地球上有数十亿年生命史的生物群，改变了地球大气、土壤和水的性质以及用生命活动使地球的可持续发展成为了可能。

基因支持生命

实际上，是遗传物质为不同物种划了界线。物种多样性是生物多样性的基础，这是一种自然的组织。物种的生物学定义是“其成员能够在自然环境下自由交配繁殖的生物种群。”（有很多不自然的情况，其中人为操纵的品种已和原品种完全不同，包括玉米、水稻和豆类，猫、狗、鸡和养殖的鲑鱼。）同一物种的个体看起来有差异，但仍属于品种间杂交，因此仍可以被认为属于同一物种。

20世纪，人类对生物之间构成生命基础的基因物质的关系有了革命性的了解，特别是许多微小有机体之间的关系，比如线虫和所有微生物。因此，有了这样一些了解，人们认为尽管生物在遗传方面可能非常不同，但是它们大多看上去很相像。

亲缘关系密切的物种被称为属，大多数生物的学名包括属和物种。亲缘关系密切的公牛鲨、灰礁鲨都是真鲨属，它们都有各自的学名：公牛鲨的学名是低鳍真鲨，灰礁鲨的学名是黑尾真鲨。亲缘关系密切的属统称为科；亲缘关系密切的科统称为目；亲缘关系密切的目统称为纲；动物中一种及以上的纲被称为门，植物中还可被称为部；界是生物科学分类法中最高的类别。

过去，对于“挑战者号”上的环球考察科学家来说，界是很简单的一个概念。生物有两大类：植物界和动物界。今天，人类对生物多样性的进一步了解将七界重组成三域，这三域在海底有丰富的生物代表：

古生菌域

这些最近才被确认的微小生物与细菌有相似之处：它们都很小，都没有成形的细胞核，但是它们的基因组合明显不同。

古生菌界。最先出现在黄石国家公园的温泉记载中，这些微小的古生菌大量存在于深海热液、地球极深处的石油储存地区、牛肠以及其他地方。

原核生物域

这些单细胞生物无成形的细胞核，看起来像古生菌，但两者基因明显不同。

原核生物界。原核生物界至少有十几种主要类别的细菌，包括那些以前称作“蓝绿藻”的类菌。1990年，只有约4 000种原核生物被命名，细菌物种和其他微生物的构成仍存在不小的争议。但原核生物的种类多得令人难以置信，据估计大约是10的30次方。大多数原核生物存在于少数休眠火山中，这些休眠火山大多分布在海底。2004年，生物学家克雷格·文特尔在马尾藻海透明水域采集的标本中，发现了1 800种微生物和120万种新基因。每一茶匙的海水标本中都有数百万的微生物和许多新物种。

真核生物域

现代人类属于真核生物域，也属于其他生物体，这些生物体的细胞膜内有一个细胞的附膜细胞核，含有压缩形成染色体的遗传物质。

原生生物界。人类应感谢原生生物界的生物，尤其是原核生物界的蓝绿菌以及假菌界的颗石藻类，因为它们给地球创造了富含氧气且适宜人类生存的大气层。大多数浮游生物是原生生物界的代表，红藻类、绿藻类和许多单细胞动物也被归入其中。

假菌界。有时集合了多种植物，大多是海洋生物，其中包括微小的硅藻和长度可达100米（330英尺）的巨藻。硅藻和巨藻的特征是含有金色色素和叶绿素c，而且它们不储存诸如淀粉（植物特有）这样的能量。

真菌界。在海洋已知的10万种左右的真菌中只有几百种已被确定，不过人类认为海里的真菌远不止10万种。海里没有看起来像蘑菇或黑根霉的真菌。

植物界。真核生物域中约有十几个门被定义为“植物”，即细胞壁内含纤维素的多细胞光合生物，它们的生命史通常是一组同源染色体（单倍体）与两个染色体组的生物个体（二倍体）发生交换。松花粉是单倍体，松树是二倍体。陆地上约有25万种苔藓、蕨类植物、树木、花卉和其他植物；海里有红树林、盐沼灌木和草丛，以及约60种真正的海洋开花植物聚成的“海草”。

动物界（后生动物界）。严格说来，动物是无细胞壁、细胞核内有遗传物质的多细胞非光合生物。大多数细胞成为特殊器官的组织，以及有两套染色体的胚细胞。人类现仍在讨论如何组织或分类动物界中的数千种生物，包括（仅在海里的）胶状水母、栉水母、螃蟹、蛤蜊、鱼、鲸鱼和深水潜水员。

所有的域和界，以及大多数的门在海里或多或少有一些生物代表。只有约一半的动物门有陆地或淡水物种，但几乎所有已知的36种动物门都是由海中生物代表的。

那么真正游弋在海里的物种有多少？是否有办法确定海洋中曾经有多少生物物种生存？未来海里生物的多样性和丰富性是否可预测？

海洋生物普查

2000年，一群科学家开展了一项雄心勃勃的国际海洋生物普查计划，试图回答上述问题以及其他问题。国际海洋生物普查计划最初是由斯隆基金会资助，联合了80个国家2 000余名研究人员制定为期10年的计划，旨在调查研究全球范围内的海洋生物多样性、分布和丰富程度。

数以百计的机构和部门帮助并支持国际海洋生物普查计划。其中包括从博物馆记录和私人收藏中寻找有价值的资料，从极地海洋到热带珊瑚礁探索全球的物种栖息地和种类以收集新数据。一个载有1500万余条记录的大数据库提供了海洋生物地理信息系统框架，我们可通过该系统电子版信息查询海底何处住了何种动物。

海洋生物种群历史研究项目建立了涉及过去500年的海洋生物记录，大约始于人类活动对海洋生物产生重大影响的那段时间。了解事物的本质是衡量变化的重要指标，这在评价20世纪工业规模捕鱼带来的前所未有的影响时尤为重要。

海洋生物种群预测研究从广泛的来源获得数据并进行分析，以此预测未来的发展趋势。

国际海洋生物普查计划致力于处理目前六大海洋领域的情况。有许多方法来划分海洋，但此处采用普查用的方法是有益的：

1. **人类活动的边缘**。一般从高潮线到大陆架的底部，这是大多数国家专属经济区接受的区域。从高潮线到海平面以下10米（33英尺）的区域被认为是近岸区，近岸区包括所有纬度和气候海岸线周围约100万千米（62万英里）的区域，从珊瑚礁、海草场到狭窄的冰架。海岸带从近岸到冰架边缘继续向海延伸。

2. **隐藏的边界**。这个术语主要包括朝外向海洋盆地延伸，朝下向深海平原延伸的大陆边缘鲜为人知的斜坡区。

3. **中央水域**。这是地球上最大的栖息地，这片宽阔的海域是地球上至少40%主要生物生产力的家园。这片海域有光照的区域，包括从海平面延伸至海平面以下200米（659英尺），以及海平面以下200

米处至海底的黑暗区域。本术语主要适用于描述太阳光的穿透力，正如研究发光生物的专家伊迪丝·威德明确表示："深海常常被描述为'永恒的黑暗世界'。这是不对的。虽然太阳光的确无法穿透海平面以下1 000米……但是海底有很多光，有数十亿束的光。"这里是透明的水母、樽海鞘、游泳的蜗牛和箭虫的地盘，这些在海底生存的动物没有陆地同类。海洋不仅是地球上一些最小动物的家园，也是最长动物巨型管水母的家园。巨型管水母是半透明的，体长可达40米（130英尺）。

4. **活跃的地质**。这一类包括海中山脉、热液和冷泉，其中有各种生命形式，包括化学合成的细菌和大量的、广泛的海底山脉生态。海山海洋生物普查认为这些巨大的海底岛屿作用在于发展特有的物种，同时它们也是海底物种的中转站。

5. **冰冷的海洋**。虽然南极的海洋冰包围着土地，北极的海洋冰被土地包围，但是生活在地球两极的生物都面对着很多相似的挑战。

6. **微生物**。根据最近的国际海洋生物普查数据，每滴海水都包含着微生物——每升水中约有2万种不同类型的微生物。它们不仅代表了地球上最古老的生命形式，而且代表了变化最快的生物，这些生物在数天甚至数小时内就能繁衍好几代。

看不见的数百万生物

但问题仍未解决：究竟有多少海洋物种呢？

考虑到挑战的规模，特别是来自微生物层的挑战，人类不仅当前不知道，而且在可预见的未来也可能无法得知海洋物种数量。即便国际海洋生物普查计划已经花了大力气，各种海军、海洋研究机构共同努力，再加上个人自发的付出，目前人类也只看到不足5%的海洋，更别提探索海洋；而对于305米（1 000英尺）以下的深海，人类能看到的海洋不到1%。

理查德·派尔的发现就是一个例子，这个例子证明了海洋还有很多待发现的地方。理查德是一位勇敢的生物学家，他用最先进的再呼吸潜水系统中的特殊气体混合物探索到了海洋中近乎明亮/近乎昏暗的地区，即海平面以下100~200米（330~660英尺）的衰萎区。理查德以每小时发现12~13种（有时多达30种）的速度发现鱼类新物种，而他发现无脊椎动物的速度可能是发现鱼类的十倍。

基于在第一次检查区域所发现的新生命数量，现在估计海洋中的生物至少有1000万种。有些人认为可能将近1亿，这还不包括那些在数量上和体积上大过其他生物的物种。

因此，对于所有这些物种，有些人可能会问那个老问题："如果人类失去了一些物种，有谁会在乎呢？更何况海洋里看似有很多人类不知道的物种。"

虽然未知的海洋生物明显多于已知的，但是海洋物种消失的速度可能比人类发现它们的速度还快。世界上约半数的珊瑚礁要么已经消失要么数量正在锐减。珊瑚礁消失时，遗传多样性的独特基因也会消失。在深海，当渔网拖过海底捕捞那些和渔民曾祖父母一样岁数的鱼时，也会对古老的珊瑚丛、海绵和它们的许多同伴造成伤害。尽管人类在不知不觉中已经破坏了自己生存的环境，但在不了解维持生命机制运行原理以及没有尽最大努力保持该机制运行平稳的情况下，人类可能也不会想要用比已有行为更有效的方法来干扰该机制的运行。

这些管状海绵的祖先五亿年前就住在海里

伯利兹海绵群过滤海水来获取食物

了解海洋野生生物多样性的价值可能是拯救海洋的关键。在2006年《科学》杂志的一篇报告中，14名科学家评估了生物多样性丧失对海洋生态系统为人类提供“免费”服务的影响。报告指出生物多样性丧失会损害海洋的能力，比如提供食物、保持水质以及从干扰中恢复的能力。从积极方面来看，在局部地区长期观察到的数据显示，生物多样性的恢复增加了4倍生产力，而且减少了21%的变化性。

与其问有谁会在乎物种的消失，不如问如果人类销声匿迹了世界会有什么不同。艾伦·韦斯曼在《没有我们的世界》（*The World Without Us*）一书中探讨了我们的城市和农场将如何快速地退回原始状态。如果没有人类从海里捕捞数百万吨的野生动物或往海里倾倒数百万吨的垃圾，许多濒临灭绝的物种在数百年内将获得新生。有些物种获得新生的速度会非常快，就像限制捕鱼的海洋保护区那样快。在不到两年的时间内，鱼类和其他物种将会明显恢复，这有利于增加保护区的生物多样性。

生物多样性为何重要？这一问题的答案很简单：没有人类，生物界的其他物种依旧能生存，但是人类生存离不开其他生物。人类现在减少生物多样性的行为会转化成减少人类持续繁荣的可能性。对此，美国大自然保护协会主席（1990~2000年在任）约翰 · C. 索希尔给出了一个理由，该理由和其他不能失去更多生物的理由一样棒："最终决定人类社会的不仅在于我们创造了什么，还在于我们拒绝去破坏什么。"

钻井、开采、船运、溢油

6

除非我们知道海底有什么，否则知道“大海”深度又有何用？……
那些能从海底数英里挖东西，比如挖出海泥、淤泥、岩石或沙子……
由人类精巧制造的机械技能去哪了……

——马修·方丹·莫里《海洋自然地理》
（*The Physical Geography of the Sea*，1855）

这是一个惊人的想法——造一艘比两个足球场还长的船，让它在翻滚的海浪上稳定航行，并且将一根类似超长吸管的硬管安装在海底。硬管长五千多米（约3英里）、直径为30~41厘米（12~16英寸）。更惊人的是，一旦将想法付诸行动，该系统会以某种方式开采足够的岩石，使深海开采有所收获。1974年，我听说了这么一件事：一小组科学家在加州长滩驾驶深海潜艇“格洛玛勘探者号”（*Glomar Explorer*）秘密打捞一艘沉没的苏联潜艇。这个时间点和苏联潜艇K-19[1]任务被揭晓的时间很接近，K-19在1968年4月沉没，沉没时潜艇

1 K-19号核动力弹道导弹潜艇是苏联红海军H级核潜艇的首舰。——译者注

上装有核鱼雷和导弹。为了避开中央情报局代号为“詹妮弗项目”的干扰，航空先驱者霍华德·休斯受中央情报局所托精心设计了一个计划，他带头以采集海底锰结核[1]为名制造了深海潜艇“格洛玛勘探者号”来进行此项秘密工程。

向导的手里攥着两把黑色的块状岩石，他的笑让他的话有了说服力：“这类锰结核都含有丰富的镍、钴、铜，甚至是银、金、铂、铁和锰。数千平方英里的海底满是这些宝物，它们只是在等待开采的合适技术。现在我们可以做到了。”他向我们展示了机组人员将钻柱部署进“月池”的影片，月池是甲板中间的一个开口，目的是方便平台进入海底钻井采油，这看起来令人难以置信。我们被领进了宽敞的电脑室，里面有放数据卡的插槽，这些数据卡提供了三种控制船位的重复模式（出于补救错失的考虑）以及一个极为重要的“手动操作装置”。如果电脑无法让船稳定航行，则可人为驾驶。我们未曾亲眼见到那300万公斤（600万英磅）巨大的机械“手”，但可知的是它能有效地打捞潜艇，而绝不是用于抓起土豆大小的岩石。

自从在“挑战者号”探险（1872~1876）中发现锰结核后，人类就已知道全球深海里有丰富的锰结核，但因为开采费用高、难度大，锰结核只吸引了人类短短一个世纪。贵重金属的短缺以及深海技术的大大提高引起了很多国家和公司在20世纪70年代进行超负荷的深海采矿。这一现实使潜艇“格洛玛勘探者号”宣称的使命极具说服力，二战期间和冷战开发的深海开采技术及军事作业大大鼓励了那些对深海采矿和钻探真正有兴趣的渔民、科学家以及对海面乃至海底感兴

1　又称多金属结核、锰矿球、锰矿团等，它是一种铁、锰氧化物的集合体，颜色常为黑色和褐黑色。锰结核形态多样，大小尺寸变化悬殊。锰结核中含有的金属元素是陆地上紧缺的矿产资源。——编者注

趣的人。

20世纪70年代和80年代初期，人类投资了数亿美元用于实现开采锰结核梦想的技术。巨大经济回报的愿景是如此吸引人，因此20世纪80年代由于各国在争论深海海床的所有权，所以《国际海洋法》谈判被推迟了。美国和其他拥有先进深海勘探技术的国家显然并不急于放弃自己的优势去造福技术弱势的国家。然而，即使其他技术弱势国家无法到达海底，他们也并不乐意听到技术优势国声称自己拥有海洋财富的归属权。

对我来说，在几乎不了解海底是否有比可销售的矿物质还重要的资源的情况下，各国瓜分尚未勘查或尚未看到的海域并开采资源是一种很不成熟的行为。一位负责评估矿场前景的工程师私底下告诉我，用他参与设计的如推土机一般大的大型机器去采集锰结核不会给海洋造成任何伤害，因为“除了无人问津的一些海参类动物和脆弱的海星，海里没有其他活物”。但是，现在人类知道深海沙泥中的小动物的多样性多于陆地已知物种多样性最丰富的地区。

1980年，我听到出席《国际海洋法》审议的美国代表对一名华盛顿特区人说的话，听完我甚是吃惊，那位代表认为深海采矿的影响可以忽略不计，因为“海底深部除了绿泥别无他物”。

作为一名生物学家，我能敏锐地察觉到每个人在海底看到的生物多样性和丰富性，我对深海被“泥”覆盖这一想法感到疑惑，更别说有人以为深海里只有绿泥！

比起摆脱破坏性开采活动一定给国家管辖范围之外未开发地区带来的影响，我真的很喜欢《南极条约》所规定的模式：南纬60°以南辽阔的白色原野、所有的土地和冰架自1961年以来已是国际社会进行科学调查的地方，但此处禁止任何军事性活动。1988年，各国签署了

《南极矿物资源活动管理公约》，但该公约后来因为1991年《南极条约环境保护议定书》的通过而中止。《南极条约环境保护议定书》禁止科学活动以外所有涉及矿产资源的行为。我一直在幻想为什么不对海底也采取类似的“预防原则”呢？但我的希望落空了。

虽然《联合国海洋法公约》已做出一些保护性政策的规定，但是海底等待被开采的“银、金、铜、镍、钴”激发了深海开采的发展。该公约促使建立了联合国国际海底管理局，旨在批准勘探及开采工作，并征收和分配矿区使用费。截至2009年年中，已有158个国家签署和批准该条约，但美国和其他20个国家已签署但未批准，一直以来美国主要的担忧是开采资源的所失会大于所得。

破坏深海

在20世纪70年代的一个为期8年的项目中，国际联合机构采集了数吨来自东太平洋的深海平原锰结核并成功提取大量的镍、铜和钴，但开采规模还不足以全商业化运作。自20世纪80年代中叶以来，人类开采锰结核的热情已经减弱，但近几年，由于深海热液周围的火山活动，人类对相关的多金属地壳恢复开采的兴趣又浓了起来。

《国际海洋法》规定国家可以拥有海洋专属经济区的管辖范围，即领海向外延伸至200海里和从领海基线量起的12海里的区域。在这个专属经济区内，其他国家可以航行和飞行，但要受沿海国家管辖。在一般情况下，沿海国在专属经济区中享有自然资源的专属开采权。现在人们关注的不是处理已知的限制、费用、在国际水域继续不确定性的挖掘，人们的关注点转移到了在国家管辖范围下规定更加完善且较为宽松（个别国家）的开采区域。

加拿大鹦鹉螺矿业公司致力于勘探巴布亚新几内亚领海海域，因该海域的活火山把多种金属带到地面形成丰富的矿床，其中还包括人类的旧爱——黄金和铜。鹦鹉螺矿业公司已租用一些地区，在这些地区内使用大型机器挖掘约20米（66英尺）高的海底矿床，随后用液压泵系统把矿物质提到海面上。

先是勘探、采集，然后是将矿物质从海底搬到水面上，最后是将矿物质运到陆地上或海面上的加工地点，每个阶段的工作都是极大的挑战。不管在任何地方，加工都是一个大问题，因为它会造成严重的环境污染。在这之后，还有存储以及运输待售金属等作为补充环节。

尽管这个里程碑式的技术成就备受称赞，但由于该技术会不可避免地破坏海底，所以人们就要考虑开采多金属结核造成的后果。迄今已开发的各个深海领域都有了令人惊讶的发现，特别是关于微生物和其他海洋生物对基本海洋化学的作用。敏感区域的大规模开采，甚至是小规模开采的影响还是个未知数。但不知道后果就意味着没有什么可担心的吗?

人类已对巴布亚新几内亚的目标采矿点做了影响评估，有人建议保留一些租赁领域的完整性，但即使有这些规定，海底采矿以及往海里排放有毒物质和细泥沙的行为仍会导致海洋生物不可避免的损失。得克萨斯大学的地质学家约亨·哈尔法在2007年《每日科学》报告中指出：“人类需要立即采取行动，用科学化、法制化的方法来保护敏感的海洋生态系统，并尽量减少采矿对环境的潜在影响……海底采矿管理的前景并不值得被看好。”

最终，人们最有可能决定将深海采矿建立在平常的短期经济价值之上。人类大规模砍伐雨林是为了木材或者脚下看似“高收益”的土地。为了获得种植大豆或生产牛奶的牧场，人类更有可能会砍伐树木开辟空地，不去考虑雨林树木多样性的巨大经济价值，也不考虑保护物种和生态环境的美学和伦理重要性。

虽然深海采矿的计划仍不断发展，但是从海滩、沙丘、浅水近岸地区开采的沙被用于越来越多的业务，比如，作为“发展”沿海滩涂的填料，作为海滩“养料”，作为道路和建筑物材料，甚至作为玻璃产品的部件。在一些情况下，采掘的矿物质会同任何被称为“污秽”的东西混在一起。矿物的挖掘和放置以及沙子的使用存在很多问题：数百万生活在其中的小生物失去了家园，破坏了采矿处的珊瑚，而且深海采矿会因为搅动沉积物而污染周围的水。

自20世纪50年代，钻井已开始从海里提取石油和天然气

钻井研究

商用和军用钻井技术的开发对于知识的探索有很大的帮助，在一定程度上反之亦然。1964年，美国国家科学基金会资助了地球深层取样联合海洋机构组织的项目。随后几年人类已经从主要的海洋盆地取出600个岩芯，这个数量非常惊人。分析圆柱形长岩芯标本证实了目前海洋盆地相对比较年轻，还证实了地中海在过去500万年至1 200万年间处于完全干涸的状态。项目结果表明南极至少在过去2 000万年已被冰层覆盖，还表明500万年以前的北极冰帽明显较大。

这些都是重大问题的答案，对于了解地球性质以及人类在海洋历史上的地位具有重大意义。1984年执行的新项目——“大洋钻探计划”的发现也非常重要，“联合果敢号”为该项目的专属钻探船，该项目得到了21个国家的联合支持。最近有关方面斥资1亿美元将“联合果敢号”改造成独特的浮动实验室，令其服役于综合大洋钻探计划，该计划得到了美国国家科学基金会和日本文部科学省的大力支持。

2009年3月，“联合果敢号”载着来自6个国家的30名科学家以及多国的25名技术人员和66名船员航行了两个月，执行2009年两次考察计划的第一次计划，目的是从海下数千英尺的海底提取圆柱形岩芯并破译深海沉积物的记录。这要求人类必须做史上最好的勘察工作，取证分析过去5 500万年的生物。

人们在岩芯标本中发现嵌进泥浆和岩石的化石可用于解读地球过去的气候和性质。联席首席科学家海伊可 · 帕里克将海洋钻井作业和太空计划对于了解地球的重要性进行了比较。从某种意义上说，“联合果敢号”是一部由科学家领队在深海历史遨游的时光机。

“一千年”说出来很容易，好像我们真的可以想象在一千年前生活，北欧海盗船徘徊在欧洲北部和北美洲的海岸，也大概是在那时中国发明了火药……

一万年更是令人难以真正理解。想象一下，100个世纪的变化幅度有多大！

那100年×1 000呢？或者20万年前呢？据说现代人类出现在距今20万年前。

天文学家卡尔·萨根让观众想象把宇宙诞生之日起的140亿年压缩成1年。地球在45亿年前9月的某时诞生。9月末，第一个生命出现并且一直处于微生物形态直至11月下旬；12月1日，大气层开始产生大量的氧气；12月19日，第一条鱼在古老的海域畅游；12月24日，恐龙诞生了，且于12月29日灭绝。在这个代表10亿年的时代，阳光被固定存储在陆地和海洋的光合生物中，形成煤炭、石油，以及现在被挖掘作为燃料的天然气的基本物质。“联合果敢号”在2009年挖掘的岩芯深度可以追溯到12月29日某时。12月31日11时59分，欧洲洞穴里画了岩洞画。人类知道的所有文明在同年12月31日最后一分钟形成。

在现实的50年里，即最短的萨根时间想象片段里，人类已经在不知不觉中成功推算出世界的运作方式，推算的结果未知，但看起来对微生物很有益处。

燃料文明

现在所有采掘业都瞄准无生命的海洋“资源”，不管好坏，比起开采石油和天然气，无生命的海洋资源之前并没有引起更多关注。先天存在的石油化工对生命史短暂的人类文明只有微不足道的影响。但是自20世纪50年代以来石油已成为世界上最重要的能源资源，并取代了它的近亲——煤，这主要和以石油为基础的交通运输、军事用途和国民生产力日渐增强有关。高发电量、运输相对简便和资源丰富的石油促进了全球经济发展并为许多方面提供了繁荣的基础。以石油为原料的产品已悄然存在于日常生活中，比如塑料、医药、溶剂、化肥、农药、化妆品，等等。

驾驶飞机的人，超市里买菜的人，使用各种塑料制品的人，在草坪或可食用植物上面撒商业肥料的人，或者需要在世界各地搬运货物的人，他们都是石油和天然气产业的受惠者。很多人憎恨石油和天然气产业，这些产业包括“在上游”的地下或海底勘探、开发并生产原油物质，“在下游”的油槽车和炼油厂，以及上下游之间的输油气管道、服务和供应。

下列问题有很多种解释：在一个世纪内，少于20亿的人口如何涨了3倍多？人类如何使得第一次飞行成为可能，不仅跨越了陆地和海洋，还飞上了月球、火星，甚至更多？人类如何使得到达深海成为可能，甚至到达了北极冰以下4 300米（14 000英尺）？粮食产量如何猛增至前所未有的水平？不仅邻居间通信更便捷，而且全球的通信也更便捷，人类是怎么做到的？不管是什么原因，如果不是因为人类燃烧了化石太阳能以推动社会发展，那么20世纪和21世纪特有的上述情形和其他方面的情况不会、也不可能存在。

尽管如今人类已使用了大量污染地球的燃料，且有可能会减少子孙后代所拥有的燃料数量，但目前文明的蓬勃发展是建立在以石油为基础的经济体之上的，因此这样的发展模式还将持续。

从地质角度来看，人类现已消耗古海洋中生长了数百万年的化石森林和亿万年的微生物。人类燃烧了大量历时久远才形成的积炭储量，为过去几代人提供了能量。了解这个事实以后，加上得知仅存的数

科威特（1991年）：在烟雾中显现的古老森林样貌

百万年的森林、石化和液化微生物群体，人们应该要特别重视，就连那些只会宅在家里的沙发上看电视的人也应该要重视。实际上，人类对石油产品的需求还在上升，而人类也还在寻求有效的石油替代品。

石油和天然气产品的使用历史悠久，但是直到20世纪初，人类对这两者的使用才大量增多。汽油动力车的流行带动了人类对燃料的需求。早期的能源资源——木材、煤、鲸油——可能无法让车子跑起来。

第二次世界大战结束后，石油工业稳稳地立足于美国乃至全球，但直到1947年，石油行业才开始涉足海洋。同年，在俄克拉荷马州创立的科尔-麦吉公司在墨西哥湾完成了陆地之外的首次石油开采。最初，陆基设备被改造为海上使用，但人类很快就设计出专门在海洋中使用的系统，而墨西哥湾也成了专门开发海上作业技术的大实验室。

1978年出版的《商业油田潜水》（*Commercial Oil-Field Diving*）一书的作者尼古拉斯·津科夫斯基写道：

> 潜水商业和海洋石油工业一样已经得到快速发展，这几乎是潜水活动和技术大潮兴起的唯一原因。海洋石油工业的各个阶段几乎都需要可靠的专业潜水员……比如勘探、钻井和海底管道的铺设。最新的报道……表明1 500英尺的作业深度即将实现，但是潜水员所面临的生理风险尚未得到充分评估。让一组潜水员进入海底1 500英尺的财务费用……仅工作短短几小时……很容易产生近50万美元的花费。

即便如此，钻井作业已经超过危险潜水极限。在《商业油田潜水》后面的章节中有一章专门讲“铰接式潜水服、潜水艇、遥控车钟和遥控潜水器”，还放了一张根据吉姆·杰瑞德命名的吉姆型硬式潜水服照片特写。吉姆·杰瑞德是20世纪30年代第一个使用这种潜水服的英国潜水员。吉姆型硬式潜水服由金属制成，有铰接式的胳膊和腿，外形和构造都与太空服相类似，潜水服后面还有一个像背包的再呼吸系统能为潜水员输送氧气。

作为一名远航科学家，我被能够深入海底1000英尺而不必担心减压这一概念吸引了。1979年，美国国家地理学会让我负责写一本书，该任务中的合著者阿尔·吉丁斯和我谈到了吉姆型潜水服的制造商国际海洋工程公司，他想让我也尝试制作一件这样的潜水服。在这之前，从来没人用这样的潜水系统进行科学考察。

我曾靠便携式水下呼吸器、再呼吸水肺系统、潜水头盔、潜艇，在水下潜水数千个小时，甚至是在数个水下实验室，一待就是数周。但使用吉姆型潜水服是一种完全不同的体验。虽然吉姆型潜水服最初是专为打捞作业设计的，并且被改造用于油田作业，但事实证明吉姆型潜水服非常有用，作为观察平台，吉姆型潜水服能令好奇的科学家行走于迷人的生物群间，其中有粉珊瑚、金珊瑚、竹珊瑚、银灰色的鳗鱼、红蟹、小黑鱼以及耀眼的发光生物。

这个经历让我产生了一个持久的愿望，我想看看是否有新的方式能到达更深的海里，停留更长的时间，做更多的事情。1979年，在没有特别目标、只是想看看“海里有什么”的情况下，很难得到对探索海洋新技术发明的支持。终于，在1981年，我与一名英国工程师格雷厄姆·霍克斯合作，格雷厄姆曾参与吉姆型潜水服的制造并开发了数种油田潜水新系统。怀揣着崇高的目标和短缺的资金，我创立了两家新的合资企业——深海技术公司以及后来的深海工程公司，最初只有海洋石油工业愿意支持我们用于改善海上作业通道技术的提议。

随后几年，作为两家小技术公司的总裁，我认识了很多近海石油和天然气行业的先驱，并目睹了海面和海底工作从近乎狂野的原始状态转变成尖端的、技术娴熟的行业，使用已知的最先进的方法提取和运输石油、天然气。目前海上活动平台涉及的技术和计划更类似于太空项目，而不是早期海洋作业只管快不管好的方法。

现在，全世界有4 000余台钻机在水下1 830米（6 000英尺）的地方工作。最深的海上钻井平台——壳牌石油的珀迪多多柱式油气平台在墨西哥湾近2 400米（8 000英尺）深的水域作业。和埃菲尔铁塔一样高达350千米（220英里）的珀迪多多柱式油气平台立在海上，承载150名工人和两架远程直升机，这里提供的餐饮堪比四星级酒店。

主要因为作业地点是在公众看不到的水下，因此很少有人会去关注钻井处的海底到底发生了什么，也很少有人会关注埋设于海底长达数千英里，用于输送刚开采的石油和天然气的海底管道占领了哪些动物的栖息地。直到化石燃料——煤、石油和天然气的燃烧引起大气中二氧化碳增多导致全球气候变暖、海洋酸化、汞污染等，才有人关注海底。此外，大多数人认为近海石油发展的最大问题是溢油。

溢油危害

20世纪90年代中期，由梅尔曼集团开展的一项海洋网调查发现，“美国人认为引发海洋问题的原因有很多，但罪魁祸首是石油公司。事实上，81%的美国人认为溢油是一个非常严重的问题。”确实，一旦溢油，便可能会导致严重的问题。第一次溢油出现在20世纪60年代，一般说来，溢油足以唤起公众的意识和愤怒。

1991年，反常的溢油事件使沙特阿拉伯沼泽变黑

20世纪70年代几次大型溢油事故——“托利卡·尼翁号”（*Torrey Canyon*）溢油事故、“阿莫柯·卡迪兹号”（*Amoco Cadiz*）溢油事故、墨西哥“伊克斯托克-I 号”（*Ixtoc I*）油井井喷——促成一系列国家和国际法规的拟订，这些法规旨在提高生产和运输石油的条件。与此同时，全球存在数千件不太显眼但潜在的小型溢油事件：不断从船底漏出的污油、街道排水沟流出的油污以及船只数百万次的漏油和溢油。

公众对溢油事件态度的关键转变是在1989年4月，当时“埃克森·瓦尔迪兹号”（*Exxon Valdez*）油轮不幸撞上了阿拉斯加威廉王子湾的暗礁，在纯净的水域溢出了1 100万加仑的阿拉斯加原油。比起随后的溢油事故，“埃克森·瓦尔迪兹号”油轮溢油是美国水域有史以来最大的污染事故。在美国水域发生的污染事故有：罗得岛的“世界神童号”（*World Prodigy*）溢油事故、特拉华河的“里维拉总统号”（*Presidente Rivera*）溢油事故、得克萨斯州加尔维斯顿湾的“瑞秋B号”（*Rachel B*）沿海拖带驳船相撞事故、墨西哥湾的“百万伯格号”（*Mega Borg*）溢油事故、发生于加利福尼亚州的“美国商人号”（*American Trader*）溢油事故和随后的“中远釜山”（*M/V Cosco Busan*）溢油事故，以及1993年发生在坦帕湾大型但未命名的溢油事故。

1989年5月，我滑过覆盖浮油的海滩巨石，挖掘沾满石油的沙子，勉强抓住油腻腻的螃蟹，望着泛出油光的海域，听到小水獭的啼哭。这些小水獭身上的石油已被清除，但在瓦尔迪兹它们满身伤痕团抱在笼子里，我试图同召集来的尽可能多的科学支队一起评估阿拉斯加溢油的现实情况。随着骇人的受害者人数的持续增长，我试图保持开放心态的努力大大受挫，随之而来的是对人性的绝望。人性的冷漠导致了灾难，人性的冷漠把一个本可能是小型的溢油事件放大成美国史上最大的溢油事故。

“埃克森·瓦尔迪兹号”油轮事故引起人们对几个关键问题的愤慨。在《科学》杂志的一篇文章中，艾略特·马歇尔阐述了其中一个问题：“1973年，石油公司从国会获得许可，迅速铺设从阿拉斯加北部海湾到瓦尔迪兹港口的管道。据了解，远洋运输是石油开采作业最危险的部分……科学家早已对威廉王子湾重大泄漏事故的潜在灾害进行了预测，这一预言并没有错。”

事实证明，只有在约4%的溢油事故中，溢油在事发后第一个关键的三周内能得以回收。不确定由谁处理溢油事故以及缺少获得授权的现场设备，导致在石油最集中、最容易回收的时候行动被推迟了。数小时内，溢油会流向数英里的平静海域；3周后，石油已蔓延至数百英里外的阿拉斯加海滩，闷死或毒死数百只海獭、数千只海鸟，还有数十亿因人类对溢油事故的冷漠而死的小动物。

审判“阿莫柯·卡迪兹号”轮船溢油事故的主审联邦法官总结了许多针对该事件的看法：“事实是，我们永远无法阻止溢油事故的发生……这是石油驱动文明要付出的代价，就像高速公路上的车祸是汽车社会要付出的代价。”

但是这一次，溢油是石油商业的必然代价这一想法并没有平息舆论。非常明显，这是一场可以预防的事故，但是衍生的混乱后果却令人非常忧虑。现场的救灾准备非常不合规范，这给野生动物以及阿拉斯加带来了毁灭性的后果。因此，我们必须采取强有力的监管措施，让石油工业心生敬畏，乖乖遵守。“阿莫柯·卡迪兹号”溢油事故发生后，国会很快通过了1990年的《石油污染法案》，法案中的安全规定严格要求油轮有双壳结构。

监管措施对“溢油事故之母”不起作用，“溢油事故之母”这一称号源于1991年石油被故意倒进波斯湾的恶性事件，其中倒入的石油是“埃克森·瓦尔迪兹”溢油量的45倍多。生态恐怖主义指的是伊拉克军队战败撤离时破坏科威特油井，萨达姆·侯赛因指挥士兵故意向波斯湾倾倒了5亿加仑石油。随之而来的是给整个波斯湾地区的人类和野生动物带来的生态灾难。从沙特阿拉伯到科威特，大部分溢油流到沙滩、暗礁、波斯湾上游的湿地，人类和野生动物大规模患病或死亡。

1990年，当我接任成为美国国家海洋和大气管理局首席科学家时，我并未想过要核查这起最大的溢油事故，但接任后我便很快投入美国对这一生态恐怖主义事件的跟踪评估工作中。在我1995年出版的《海变》（*Sea Change*）一书中，我试着让读者深刻体会到1亿桶石油吞噬科威特的气味、场景和感受，这个曾经美丽的科威特沙漠现在泛着黑色油光，很快成了蜻蜓、鸟类、蜥蜴、沙漠老鼠的地盘。

1991~1993年我多次在波斯湾一带潜水，在知道这个海湾及其附近的土地永远无法从近些年人类战争的蹂躏中恢复后，我对人类可怕的毁灭力量感到绝望。但看到绿芽从满是黏腻黑油的沼泽中抽出时，我笑了；在燃烧的油井所透出的刺眼光亮中看到一群蚂蚁在白色沙圈周围忙碌，一点一点地重建自己的家园时，我笑了。生物学家、哲学家、蚂蚁专家爱德华·威尔逊先生谈到了他的担忧，未来大自然可能会从人类的指缝中消逝。但是考虑到自然有强大的恢复能力，所以他更大的担忧可能是人类会从自然的指缝中渐渐消逝。

真正的石油问题

1982年，我作为38个国家的90位与会者之一出席了联合国环境计划署在伦敦为期两天的会议，这个会议旨在关心地球的状况并找出世界的最大威胁，随后我们便知道什么是最大的威胁了。1972年，联合国人类环境会议在斯德哥尔摩召开，会议做出成立联合国环境规划署的决议。这个决议似乎是为十年后量身定做的。

会议上出现的观点涵盖多方面。世界自然保护联盟主席穆罕默德·卡萨斯谈到了食品安全问题，他说："这些被称为可再生的资源生态系统……若被保护方能再生，若被破坏则不可再生。"农业耕种的土壤流失曾经是个大问题，森林砍伐造成的快速荒漠化是另一个大问题。有些人关心酸雨、越来越多的臭氧层空洞和疾病的发生率这些问题，特别是疟疾。

挪威探险家托尔·海尔达尔问道："我们把污染物扔到'哪里'

了？我们一边扫地，一边把一切东西塞进地毯里，而这地毯——海洋——却是地球上最重要的部分。”他补充道：“我相信，当今人类高估了海洋的大小，低估了海洋生物的重要性。”奥杜邦学会的罗素·彼得森先生说道：“人类将海洋当作废物垃圾场，并用机械去破坏鱼的育苗场。”海洋探险家雅克·库斯托补充说：“从生命出现之日起，人类的命运已和海洋息息相关。”轮到我发言时，我说：“海洋调节了天气和气候。海洋是最多种生物的家园。如果海洋改变了，那么整个地球的形态也会随之改变。”

美国国家海洋和大气管理局的首位管理人、气象学家罗伯特·怀特认为气候变化是令人担忧的事：“人类燃烧化石燃料——碳，它们已沉积了千万年——就是在破坏自然的平衡……未来几年，许多国家在化石燃料使用方面增加了很多计划。人类必须推行可再生能源的发展。”

然而，1982年联合国环境计划署大会在总结世界面临的主要威胁时认为最大的忧患是使用核武器带来的潜在破坏。若有“其次”，那么将是三个紧密相关的热点问题：人口过剩、贫穷和环境退化——即物种的消失和生命支持功能的丧失。

25年过去了，这些问题仍存在，但罗伯特·怀特对气候变化的先见之明不仅得到了证实而且还成了最大的问题。

南极某岛屿边缘的碎冰块

气候变化与海洋化学变化

7

地球已进入一个新的地质时期，
在这一时期，
人为干扰几乎是所有行星生态系统发生变化的主要因素，
这可能不利于所有生物的生存。

——马克·莱纳斯《六度的变化》（*Six Degrees*，2008）

他“必须”是对的。毕竟他是一位受人尊敬的生物学教授，而我那时还只是个学生。演讲主题是人类是否能改变地球的基本功能——温度、降雨、气候、 大气气体。虽然我听了他的演讲，但我并不赞同他的观点。

他在演讲中继续说道:

地球太庞大，人类太渺小……建设城市，把森林变成农田，河流筑坝，为湿地铺路、烧油，杀害陆地野生动物或海洋野生动物，这些人类行为不可能会改变世界的本质……虽然这些行为可能不够体面，但不管人类有所为还是无所为，地球仍处于稳定的发展过程中……的确，地球也发生了一些巨变，例如，各个冰川时期之间的逐步变化、干旱、洪水——发生这些巨变的原因是人类无法控制的自然力量。

我一脸困惑地问道：“当我到了费城或纽约，我发现那里的空气和30英里外的农村不同。城市烟雾很多，烟雾熏灼了我的双眼。即使在冬天，大城市也总是比较热。在夏天，人根本无法赤脚走在人行道和街道上，但农村的草地是凉爽的。这是否能说明所有的水泥、道路、汽车、烟囱、工厂和暖气炉都对温度有影响？说明植物能够吸收二氧化碳而释放氧气？如果没了森林和沼泽，地球难道不会有所不同吗？”

“请出示证据。”他不苟言笑地说。

如果那时我再大胆一点，我可能会反问：“那您有证据能够证明人类行为不会给地球带来变化吗？”但那是1958年，和许多人一样，我只有直觉，没有证据，就像是一个全速推进的项目仍有弊端。

证据

同年，地球化学家查尔斯·基林开始在夏威夷冒纳罗亚火山的岩石峰精确测量大气中的二氧化碳。过了一段时间，测量结果表明大气中的二氧化碳浓度已经从1 800年之前前工业化时代的275ppm上升至280ppm（百万分率），基林开始研究时，二氧化碳浓度已达315ppm，又过了半个世纪，二氧化碳浓度上升至385ppm。

这听起来并没有很多，但科学家将其与在南极冰芯中发现的古代空气中的二氧化碳含量进行了对比。经检查，科学家发现二氧化碳浓度275~280ppm稳定了一千年，现在的浓度比80万年前高。所有的箭头指向都表明二氧化碳浓度将持续、急剧地增加，这真是令人担忧。

现在我们不仅知道二氧化碳的浓度在不断增加，而且还知道浓度增加的具体原因及其带来的可衡量结果。20世纪中叶之前，世界尚未有技术能让人类明白自己有能力从根本上改变地球的运作方式。现在证据有了，增多的二氧化碳只是人类不知不觉蚕食地球稳定性基础导致的众多麻烦之一。

这位我的老教授用“人类无法控制的自然力量”解释冰期和暖期之间的变化：是地球公转轨道的摆动和移位或者是地轴倾斜？仅凭这些无法解释近来急速上升的温度。温室气体的影响才是温度上升的关键原因。

人类主要通过两种方式影响大气中二氧化碳含量，进而影响温度上升。第一，人类通过消耗煤、石油和天然气向大气排放了大量二氧化碳。就在短短的几十年里，人类消耗了古老森林燃料和古海洋微生物经几十亿年压缩成的燃料。世界气象组织的报告《进入21世纪的气候》言简意赅地总结了问题并提出解决方案：“燃烧化石燃料排放的气体是21世纪二氧化碳浓度升高的主要原因，减少二氧化碳排放量是降低全球人类活动对气候系统影响最重要的因素。”

目前，人类活动排放的温室气体中高达20%是由于热带巴西和印度尼西亚的森林砍伐造成的，这使巴西和印尼成为世界上碳排放量最大的两个国家。据估计，停止对森林的破坏和停止使用所有化石燃料十年能够减少的碳排放量和下个世纪的碳排放量一样多。但目前，人类珍视森林主要是因为木材，而不是因为森林对生物多样性或森林作为碳汇的重要性。

更多二氧化碳进入大气是通过以下方式进行的：

第一，人类捕捞亿万吨鱼、牡蛎、蛤和海里的碳基生物。当存储在动物体内的能量通过食用鱼、鱼粉、鱼油、蛤蜊浓汤、鲜虾串烧、寿司、生鱼片的消费者进行新陈代谢时，二氧化碳便进入了大气层。

第二，人类为了满足私欲降低了生命系统和生物圈生产力，这导致大气中的二氧化碳量增多。更少的植物意味着更少的光合作用，意味着吸收更少的二氧化碳。人类平整土地就是在从地球生命支持系统中毁灭一片大型楔形绿地。

破坏森林建立植物园、农场和商场，湿地转变为公寓和停车场，海草场和红树林转变成鱼虾养殖场，珊瑚礁成了修路材料。上述一切都降低了地球生命系统消耗二氧化碳以及产生氧气的能力。在发生最多地球光合作用的宽阔海域里，许多光合微生物的寿命是数天、数周或数月。海里的碳并不存储在百年古树、泥炭和土壤中，而是储存在一群掉落海底的小动物中，这些小动物随后通过食物链转移到长寿的珊瑚、海绵、软体动物和其他生物中，然后进入寿命为数十年或数百年的顶级掠食者体内，这些掠食者是人类持续重点捕捞的对象。捕杀海龟、鲸鱼、鲨鱼、鲔鱼、橙连鳍鲑、长尾鳕、鮟鱇、鲈鱼、岩鱼、石斑鱼、鳕鱼、北极鳕鱼、南极鳕鱼和其他长寿的物种会导致二氧化碳重返大气层，还会破坏海洋储存二氧化碳的能力。实际上，工业捕鱼无疑已伤害古老的生态系统，破坏并分割碳循环的基础，而这一处于动态变化但极其稳定的碳循环需历经数十亿年才能形成。

变暖的地球

近来地球表面温度的上升和近来相应的二氧化碳增加密切相关。

从陆地和海洋里数千个地点收集而来的数据表明过去一个世纪温度上升了0.74℃（1.3°F），其中近三十年的增幅最大。2007年，联合国政府间气候变化专门委员会数百位世界顶尖地球科学家发出的一份研究报告指出，气候变暖已是毫无争议的事实，人为活动很可能是导致气候变暖的主要原因。从黎明到黄昏1℃的变化是微不足道的，但是从整个地球来看，1℃的变化就意味着哪类生物要生活在哪个区域，1℃的变化足以改变气候和天气类型。暖空气还会增加大气所含的水汽量，增强水蒸气作为“温室气体”攫住热气的效果。

在大气中占0.03%的二氧化碳对光合作用和正常的大气水平很重要，0.03%的二氧化碳刚好能够维持土地和海洋生产力。叶绿素在阳光照射下将水和二氧化碳转化为氧气和单糖，从而为人类以及地球上许多生命的生存提供了碳水化合物、脂肪和蛋白质的基础。过量的二氧化碳要么排放到大气中，要么被海洋吸收。如果没有吸收和转化二氧化碳的生物，那么地球大气组成很可能类似金星和火星，含有95%以上的二氧化碳、微量氧以及约2%的氮气和微量氩气。约250℃（482°F）以上的表面温度太热了，这样的地方不适合人类生存。

生命系统，尤其是海洋生命系统用了约四十亿年才把早期地球无生命的物质环境改造成能让人类居住的伊甸园，但是人类却用不到一个世纪的时间就破坏了古老的地球。尽管有充足的证据表明，海洋调节并稳定地球气候、天气、温度和化学反应，但是目前的气候变化政策主要侧重大气层，大大忽略了海洋。格兰特·毕格在《海洋与气候》（*The Oceans and Climate*）一书中指出：“‘海洋’储存大量能源的时间可达数月、数十年甚至是数百年，这取决于地区、大气和海洋之间相互作用的程度和性质。海洋储存量就像是气候系统的巨大调速轮，一旦它发生变化，那么其他变化就会减慢或加快。”美国国家

时代改变了北极熊和北极其他生物的居住环境

海洋和大气管理局海洋及大气研究中心的行政助理理查德·斯宾拉德说："海洋每天可吸收2 200多万吨二氧化碳……海洋储碳量是大气层的50多倍。"

随着时间的推移，全球气温有升有降，冰川时期出现又结束，海平面升了又降。约55万年前，当时地球温度比现在约高5℃（9℉），遍布两极的是森林而不是冰。在那之后，冰川时期多次出现又结束，但自约11000年前开始的最近的全新世（在此期间大多数文明得到发展，变得繁荣）以来，地球环境一直都很适合人类居住。过了数千年，海平面逐渐上升，淹没了一些地区，比如佛罗里达西海岸。而佛罗里达东岸向大海延伸了一百多英里，这里曾经是乳齿象和巨型树懒的家园，现在却住着海豚和石斑鱼。不久之后，现在的海滨酒店、餐馆和别墅将会成为海洋生物的住所。

冰川融化和海平面上升

只要二氧化碳含量不断增加，大气温度就会继续升高，因此，海平面不可避免地也会上升。尽管近来温度上升看起来不是很明显，但也已经导致极地冰川严重融化以及海平面小幅度但加速的上升。当海水变暖，海水的面积同时也会扩大，融化的冰会导致海平面每年上升约3毫米（0.12英寸）。如果上升速率稳定，那么就不需要担心太多，但就现在的情况来看，估计21世纪中叶的海平面便会淹没海滨酒店或岛上度假屋。

1998年，我搭乘俄罗斯213米（700英尺）长的核动力破冰船“苏维斯基联盟号”去了北极，那时北极圈以北大部分地区还被冰川覆盖着。北冰洋上雪白的海冰会将照射在其表面80%太阳光的热量反射回去，但一览无余的深色海水会吸收95%。水越多意味着变暖加速，融化更快，会形成更开阔的水域。

站在破冰船的甲板上，我看到船头撞碎水面冰层，冰落在船壳钢板上，船底带着金黄色的硅藻滑行，这些硅藻是粉色的北极虾和一些银色鱼的家园。破冰船能压碎4米（13英尺）深的冰，船滑过的地方出现了碎冰块漂浮、雪泥覆盖的暗淡海域。我想过碎冰是否很快会重新冻结，或者破冰船撞碎冰面所造成的破坏是否仅限于撞出这样开阔的水道。坚冰比碎冰融化得更慢，每冲撞一次冰层，就意味着有碎冰正要融化。那时我还不知道北极海冰自1980年以来一直在融化，且可能很快在某个夏季会完全消失。目前北极地区变暖的速度是地球其他地区的两倍，而且这一速度正在加快。

在地球的另一端，南极大陆周围巨大的冰架已经变薄且在过去几十年已经开始破裂。2002年1月至2002年3月南极半岛北部拉森B冰架的卫星图像显示拉森B冰架已经从有水洼和条痕的大片坚冰分离成只有罗得岛大小的面积。2008年美国国家冰雪数据中心对2002年冰架崩解的研究表明，冰盖的裂缝已经出现了二十多年，随着冰川水流的增多，冰层变薄且受到压力。在南极海岸线沿岸的南极海域深处，变暖的洋流似乎已经从下面侵蚀了冰架，使冰架变得更脆弱。2002年异常温暖的夏季导致已变薄的冰架加速消融。

冰架消融虽令人担心，但也使人类第一次可以到大片的南极深海底进行探索，在南极海洋生物普查中，来自14个国家的52位科学家抓住了这个机会，于2006~2007年搭乘“极星号”（*Polarstern*）研究船冒险远征南极。有些科学家认为冰封了数千年的海下水道可能没有很多生物，但结果却发现了很多种类的动物：六放海绵类、巨型海星以及胶状的水中动物新物种。极地生物学家高第耶·夏佩尔说：“这是一门刚起步的地质学研究。如果我们没查明南极在冰架崩解后的状况，也没查明南极的物种，那么20年后人类将没有根据来了解是什么发生了变化，以及全球变暖如何影响了海洋生态系统。”

1990年，我曾与一组科学家使用遥控潜水器在罗斯海附近的麦克默多湾冰下观察海底。大部分时间我们在基地附近工作，但偶尔我们会留下潜水器，乘直升机到冰缘附近。从空中往下看，冰架看起来就像坚硬的大理石，闪闪发亮的条纹大理石周围是靛青色的深水域。站在南极海附近，我可以感受到海底平稳的起伏，轻轻向上移动冰块，然后隐没，就像温柔的呼吸。

在我沉重的绝缘靴下是几英尺厚的冰，冰下305米（1 000英尺）处是温度低至零下1.8℃（29℉）的最冷海域。对人类来说，这是一个极端的环境，但对生活在这里的动物来说，纽约市才是极端的环境，其他提供不了黑暗、近冰点海水的地方对它们而言也是极端环境，因为它们无法适应那里。在深海表面附近，夏季有很多金黄色的硅藻，也有各种各样的微小型动物群，包括形似虾的磷虾和一种叫作海蝴蝶的游泳蜗牛、不起眼的食草者和极小型掠食者。

再往下，在永恒黑暗的深海中有一种独特的鱼科，南极鱼科。南极鱼科，俗称银鱼或防冻鱼，包括最近深受欢迎的智利海鲈鱼（准确的叫法是巴塔哥尼亚美露鳕）和南极鳕鱼（准确的叫法是南极美露鳕），都属于研究人类骨质疏松症和血液疾病的人员所感兴趣的60种左右的鱼类。防冻鱼是奇特的脊椎动物，此类鱼没有血红蛋白和血红细胞，但其体液含有“防冻”蛋白质， 这些蛋白质能够抑制血液形成冰晶体。防冻鱼也没有鱼鳔而且鱼骨极轻。20世纪70年代，苏联的工业捕鱼大量捕捞银鱼，其他国家的船队也不受约束地进行大规模非法捕鱼活动，这种行为将这些神奇鱼类的未来置于更大的危险中，如果加上全球变暖给深海领域带来的变化，那么这些鱼类所面临的危险更大!

站在堪称世界海洋最强流的南极环地极流的边缘，我很难想象有种陆地物种（也许就是我们人类）能够在如此短暂的时间内对那么多存在已久的事物产生如此深刻的影响。几头小须鲸从我眼前游过，起初可以看见它们呼出的气变成了雾，气体从小须鲸温暖的身躯中喷出。小须鲸畅游在浮游生物群居的阳光地带，磷虾吃了浮游生物，接着磷虾会被小须鲸吃掉。

一小队阿德利企鹅像黑白相间的光滑瓶塞齐刷刷地从暗沉的水中跳出来，摇摇晃晃地用百米冲刺的速度向我们冲过来。就在离我们几英尺远的地方，它们停住了，盯着我们。我想说它们看呆了，因为它们的确像是呆住了：好奇的小企鹅们盯着我们这些奇怪生物。好奇心得到满足后，它们转身渐行渐远直到成为小黑点隐没在海中。阿德利企鹅的近亲——几只打“黑领带”的帝企鹅——毫不费力地滑到冰上，更加谨慎但依然好奇地靠近我们。仔细观察我们约一个半小时后，它们也滑回了大海。

当时，我根本不知道南极冰层会以近些年这么快的速度融化。我知道，90%的淡水资源都在南极洲，冰盖所覆盖土地的98%有美国大陆的一半大。我听说如果南极所有的冰全部融化，那么海平面将上升六十多米（200英尺），就像以前反复发生过的那样，只不过那时处于稳定的地质状况。现在我知道人类对全球气候的影响正在改变未来数十年的地质状况。企鹅、鲸鱼或磷虾可能察觉到它们的生存环境正在改变，但即使它们真能察觉到，它们也不知道变化的原因，也不知道要做什么来改变命运。人类不仅知道变化原因，人类还可以采取行动改变企鹅的命运，但人类似乎在犹豫是否该采取行动改变现状。

甲烷与生命

科学家已经制作了许多模型来预测二氧化碳增多的后果，结论是500ppm的浓度很可能会使地球升温3℃~4℃（5.4℉~7.2℉）。北极苔原下已经软化的永久冻土通常会融化，永久冻土所储存的水和甲烷将会释放出来，这大大增强了温室效应，而且正在加速变暖趋势。尽管甲烷一旦被释放到大气中，其消耗速度会比二氧化碳更快，但过去数十年永久冻土里的甲烷存储量大约是二氧化碳的20倍。按照二氧化碳目前的排放速度，预计到2050年二氧化碳的浓度将达到500ppm，加上甲烷和一氧化二氮的影响，温度将会持续上升，这反过来将释放更多苔原地区的甲烷，在持续循环反馈过程中使地球变得更热。

企鹅和其他南极生物正面临不确定的未来

比起南极苔原释放的气体，深海积累的大量甲烷是较不明显但更令人担忧的潜在原因。有石油和天然气的地方就有甲烷。甲烷存在于水下数百英尺处，有时是数千英尺处。甲烷形成的微小球体随着气压降低会变大，在水中球体会变得更大，直至最终释放到大气层。

可能有更多的甲烷被储存在深海里当作天然气水合物或包合物，这里的甲烷数量可能比所有的石油化学产品还多。这么多的甲烷被储存在格子状冰结构内的适当位置——位于海平面以下600米（2 000英尺）的高压和低温环境中。有时，渔民在深海海域拖网捕鱼会用渔网拽起甲烷水合物块，冰块冒气一点点崩解成一摊水时，渔民能最先看到甲烷释放到大气中，他们会看到甲烷飘上了天空。随着温度持续上升，一眨眼的工夫，海洋可能在地质史上就会失去百万年积累而成的碳固存。破坏大量积累的甲烷水合物可能会引发海底滑坡，这反过来会引发大规模的海啸。

在2001年可持续性海洋探险项目中，我在距密西西比河河口161千米（100英里）远的海下550米（1 800英尺）驾驶着单人潜水器“深海工作者号”目睹了甲烷从塞满了淤泥的海底银光闪闪地逸向空中。那时我的任务是到海底寻找名为“白色幽灵”的海底珊瑚礁，数年前，一些渔民从深海海域拖拽渔网时发现了这种名为白色幽灵的珊瑚。我没找到海底珊瑚礁，但我恰好停在一团严实的大土丘正前方，它乍看像是一堆枯枝或被巨型水鸟遗弃的鸟巢。

我非常开心，因为我见过大的管虫群，所以我一看就知道眼前是何物。管虫有时也被称为软须虫，因为管虫没有嘴巴或消化系统，有些管虫长着类似胡须的触角。1977年，在加拉帕戈斯群岛附近3千米（2英里）深的热液附近第一次发现了管虫的红羽毛大型近亲，这种在加拉帕戈斯群岛水域2米（6.5英尺）长的瘦管虫被命名为巨型管虫。巨型管虫给多个科学领域带来了真正革命性的发展，进一步的研究发现，一汤匙的管虫组织内大约有数十亿种之多的微生物，它们用周围富含硫化氢的海水中的化学物质，通过化学合成产生养料。一汤匙里有数十亿微生物带来了一种新观点：毫无疑问，微生物才是地球的统治者。

在缺乏阳光的情况下，细菌以及最近发现的被称为古细菌界的微生物，利用硫化氢（闻起来像臭鸡蛋的有毒气体）、二氧化碳和氧气产生有营养的有机碳化合物。热量被认为是该过程的关键，因为最初的生物发现地点是在海底火山口热水源附近，但在20世纪80年代，类似的生物发现地点是墨西哥湾甲烷的海底冷泉附近。

因为这么大片面积都在海下，想想海洋下广阔的世界，它们中有一些在某段时间内是黑暗的，而大部分一直处于黑暗中。各种形式的化学合成在光带和深海之间的水域里，在海底各个角落的沉积物里，在海底充满水的缝隙间无时不在进行着。难怪有人推测，在海底黑暗处通过化学合成形成的碳量在固定、储存和通过复杂的食物网等方面可能会与光合作用所需的碳量一样多。

目前，上述推测还只是一种基于直觉而非经过检验的想法。但考虑到人类对海洋生物的无知，同时考虑到这个推测可能很快会成为最前沿的观点，因此该推测值得思考。最起码化学合成应被当作是气候变化方程里的一个因素，尽管化学合成在地球碳量资产负债表中还是“未知数x”。一般来说，光线很好的水面森林往往是光合作用的主体，但在深海科学家工作的实验室之外，很少有人意识到深海对碳循环和气候变化的重要性。

木卫二（木星的卫星之一）上的黑暗深海可能存在生命，这已经引起人类极大的兴趣。科学家认为，在冰下几英里的深海生物可能用化学合成的神奇力量运转食物网。同时，在这个离地球近且被人类的航天器造访过的星球上的化学合成相对较少。对于在银河系和宇宙外任何地方寻找生命存在的可能性而言，化学合成起着重要作用，但在深海中探索等待被关注的诱人奥秘似乎也是理所当然的一件事。

在阳光照射不到的深海海底，生物发光或地热光很有可能可以提供足够的光亮以进行光合作用。最近的一项发现表明深2 000米（6 600英尺）、水温350℃（662℉）的东太平洋海隆热液处，微弱的地热光似乎能让绿色硫细菌进行一种前所未知的光合作用。这些生活在海底200米（659英尺）处珊瑚岩石灰岩结构中的发光绿色组织也让我感到困惑，我好奇地注视着住在岩石底部的绿藻类，它们就在夏威夷近30米（100英尺）湛蓝的水域中。

当我透过单人潜水器“深海工作者号”的顶部清楚地看着阳光穿透海平面照向更深处时，我并没有什么特别的想法。我沉浸于最近发现的墨西哥湾管虫以及甲烷从海底释放出来的喜悦中，如果还不能说管虫给整个世界带来了令人兴奋的影响，但此事至少让科学家兴奋不已。

我想象着等回到地面，当我在附近的超市遇到某个人，我会说：我刚见到了最美妙的事情！距离密西西比河河口100英里、水下1 800英尺处有蜘蛛蟹、鲜亮的红虾、小的红色海松贝、宽嘴大红海星，虾的黄玉般的眼睛在管虫组成的枝干上闪闪发光，这些被称为软须虫的管虫有10英尺高，体内住着万亿细菌，从水中获取化学物质，其中包括二氧化碳——也就是导致全球变暖以及其他相关问题的真正原因……

问题难就难在这儿。如何用语言向所有人传达人类现在面临的严峻处境呢？有一些科学家知道，因为相关资料就在那儿。如何向所有人传达呢？这些人需要知道我们正在破坏地球为我们所知所爱的人提供生命支持的能力。当人类推三阻四，不愿意正视证据时，人类的未来已处于危险之境。同时，微生物静观其变，继续做一切自己想做的事。

永别了，北极冰层？

有一位科学家知道如何向大众传达这个信息，他就是又高又瘦、喜欢登山的艺术家兼科学家詹姆斯·巴洛格，巴洛格不仅想到如何拍出红木树的全身，而且亲自和一群“在野外”拿着摄影机的同事到山顶和冰崩处记录地球的变脸。巴洛格“极端冰调查项目”中的一组微速摄影照片应该展示给所有人看，提醒人类面对这样的现实：山顶、冰川、格陵兰岛冰边缘……所有地方的冰层正在以惊人的速度大面积消失。

询问巴洛格地球快速变暖趋势会带来什么后果，他很可能会看着你的眼睛，然后说一些和他2009年写于《当代极冰》（*Extreme Ice Now*）中类似的话：

> 对于地球上不同地区的不同情况，“全球变暖”使水资源供应枯竭，它破坏了农业，提高了粮食和水的价格，使极端天气更加极端，使海平面上升，使野火烧得更旺，传播了蚊媒传染病和鼠源性疾病，导致一些动物和植物的灭绝，并助长了一些不讨喜的动物和植物……根据目前最具可能性的估算，海平面到2100年将至少上升2英尺，很可能是3英尺，也可能是4~5英尺，2100年……无论发生什么事，人类将会拥有一个必须被引起关注的未来。

根据目前的预测，人类还有不到十年的时间可以把全球温室气体

融冰导致海平面上升，这其中的每一滴水都很重要

排放量减少至400ppm以下，即可以稳定气候变暖趋势的水平。目标虽艰巨，但具可行性。然而，由于气温已有上升的势头，因此即便停止所有人为活动造成的温室气体排放，气温还将继续上升一段时间，上升程度约为原来的一半。

即使二氧化碳和甲烷释放量仍保持在当前水平，预计到2040年北极将出现无冰的夏季。鉴于目前的趋势，整个北极冰盖可能会很快消失，这是不可避免的，但美国宇航局气候学家詹姆斯·汉森给人类带来了希望。他认为可以通过大量减少温室气体的排放，加上大气污染物的剧减，尤其是减少规模小但含大量烟尘颗粒的雨——这种雨会使冰变黑并加快其融化速度。采取上述行动也许能阻止冰的全部消融。

美国国家海洋和大气管理局主要关注地球的大气和海洋问题，作为该机构新上任的首席科学家，1991年2月，我参观了位于阿拉斯加州巴罗最北的美国气象站，在那里我瞥见了黑色冰雪尘。冰雪尘覆盖了主建筑，只留下一小部分屋顶和各种烟囱、管道，看起来就像是如钻石般耀眼的冰雪地毯上的突出物。沿隧道走到门口，我看到了一个温暖的房间：数张办公桌、餐桌和工具。两名勤劳的科学家在用这些工具检测你期望知道的东西：温度、湿度、雪、风、风寒指数、露点、压力和烟尘。

我被这样的概念吸引了：气流和洋流有相同的表现模式，气流从世界上空聚合并输送空气中的残渣，北部欧洲和俄罗斯的工厂烟囱喷出的颗粒顺风弄脏了远处的飘雪。每一个暗区都像是一个指纹，都可以追踪到起始点。近些年来，数万亿从天空飘落的微小烟尘降低了北极冰雪地带的反射率，每粒尘埃都会导致地球变暖。自19世纪80年代末以来，大量使用煤炭作为能源不仅排放了大量的二氧化碳，还使大气中弥漫了无数的黑色烟尘。在美国、中国和其他许多国家，煤炭仍然是主要能源，全球的用煤量也在持续增加。

覆盖在北冰洋上的融冰融雪不会增加海平面的高度，因为这些冰本来就是北冰洋的一部分，但是从格陵兰岛和其他大陆的融冰流进北冰洋的水流会增加海平面的高度。卫星测量以及地面监测点都证实了冰川消融的速度比十年前预测的还要快。融化的冰水沿着冰川裂隙向下流动并润滑冰川底，有时达百米之深，并快速汇入海洋。融水穿过冰川深坑流到冰盖下的基岩被称为冰川锅穴。

正在发生的这些变化对过着传统生活的种群——北极地区的居民、北极熊、北极露脊鲸、独角鲸、海豹和其他完全依赖冰雪覆盖下北冰洋的完整性的生物——而言无疑是坏消息。不用千年，仅数十年内北冰洋发生的变化可能就需要人类花费数百年的时间逐渐适应，一旦发生突然变化，那么后果将会是灾难性的。

以往人们认为气候突变是科幻小说中才会发生的事，但现在全球的气候已经有了变化而且不久后就会凸显出来。大多数的气候变化模型显示海洋环流变弱的主要原因是温度、盐度以及输送到北半球高纬度地区减弱的海洋热量。简而言之，这意味着墨西哥湾流可能会从目前横扫大西洋的方向向南转移，这会让英国和其他北欧国家变得更冷。

酸性海洋

每年燃烧化石燃料释放的60亿吨二氧化碳只有约一半会增加大气中的二氧化碳含量。其余的二氧化碳进入大海，掀起了一波意料之外的波澜。人类最大的担忧是过度的二氧化碳转化成碳酸所造成的海洋酸化：随着海洋中二氧化碳含量的增加，海水酸度也会上升。

有些人认为最先受影响的是珊瑚礁，因为酸度增强会影响珊瑚生长和保持石灰质骨骼的能力；海水酸度强到一定程度会溶解珊瑚。珊瑚礁的结构取决于红色和绿色的珊瑚藻，珊瑚礁高达90%的成分是珊瑚藻。当周围的海水过酸，珊瑚礁也会被溶解。碳酸钙壳内的所有生物都很脆弱，比如牡蛎、蛤、蜗牛、翼足目动物（浮游游动的海洋软体动物），还包括许多海绵、海星、海参、海胆……同样脆弱的生物名单还很长。酸度变化会给所有生物——从还在发育中的鱼到水母——带来麻烦。改变海洋的化学性质会使整个海洋生态系统随之改变。人类可以预测一些自然变化，但人类没办法预测海洋化学变化所引发后果的速度和程度。

因为二氧化碳的释放，加上平时吸收大气中二氧化碳的自然系统受到干预，科学家真的很担忧世界各地的清场伐木和燃烧森林行为。但是海洋里的微生物所吸收的二氧化碳比陆地上的光合生物更多，如果海洋微生物因为酸化或其他原因消失，那么自然系统吸收二氧化碳的能力也会相应减弱。

最令人担忧的是酸度加强对能产生氧气的极小光合生物体带来的影响。树木、草和其他陆生植物对于维持恰到好处的大气比例非常重要，这使得大气环境适合现在地球上的生命生存，包括人类。但当谈到产生氧气和地球化学的稳步形成时，最重要的还是受到海洋里光合生物体的影响。随着酸度增强，耐酸微生物会增多，现在一些少量的耐酸生物也很可能会变多。那些需要碱性环境的海洋生物已经存在了数百万年，而这种环境将逐渐消失。

微生物中最容易受当前酸化程度影响的是颗石藻和有孔虫门，颗石藻是一种进行光合作用的单细胞生物，长有花瓣状的精巧石灰壳质。有孔虫门是一种单细胞生物，长有精美漂亮的壳质，这些壳质组成海底大量的碳酸钙沉淀物。颗石藻和有孔虫门还是古老石灰岩的重要组成部分，比如多佛的白色悬崖、佛罗里达州的支柱以及曾在世界各地海底随处可见的石灰岩矿床。

关于这个问题许多深层的原因让人几分欢喜几分愁。来自普林斯顿大学的工程学教授罗伯特·索科洛和生态学教授斯蒂芬·帕卡拉说：“21世纪上半叶，人类只需要扩大已知的行动就可以解决全球碳循环和气候问题。”随着人口和工业的增长，为了维持和当前大气水平接近的状态，要求到2055年减少的碳排放量达10亿吨。

为了达成这个目标，有些人，其中包括有远见的生物学家和有大局观的思想家詹姆斯·洛夫洛克，他们主张大量减少碳排放量并倾向于无碳核能的使用。其他人梦想设计一种技术——人工光合作用技术—— 来模拟植物进行光合作用。有些人已经等不及了，他们砍伐森林来种植能源丰富的作物，比如用于产生生物燃料的玉米，还有些人把快速增长的微生物放在封闭的系统中以获得清洁燃料。砍伐森林去种植玉米不仅没有减少空气中的碳含量，反而增加了碳含量，但某些微生物的密闭培养液也许能有效产生生物燃料。

与从前较为可靠的风车相比，风力涡轮机的产能效果更好：不仅能大大提高太阳能电池板的效率，还能产出革命性的清洁能源。因此风力涡轮机已经被广泛使用。最终，太阳能将可能成为主要能量来源，满足当前和未来的能源需求，如果愿望成真，那么太阳能也会主导世界上几十亿人口的能量来源。一旦发电，电能存储和配电仍是一个需要得到快速解决的主要问题。

将所有问题考虑在内可以大大帮助我们认知事情，让我们严肃对待50年前和当今气候变化相关的事件。当然，时光无法倒退，但我们应该尽最大努力让自己有多种选择，我们的目标是提高成功概率，降低二氧化碳排放量。吉姆·巴洛格阐明了一个有用的观点：“除非我们采取行动，否则今天的机会将会变成明天的危害。”

巴洛格与全球数千名科学家分享了他的远见——采取行动已迫在眉睫。一旦行动起来，便可以稳定并降低二氧化碳的排放量级别。但与此同时，他又为公众和政府的反应迟缓深感忧虑。

今天的危机是人类盲目自满的表现之一。虽然450ppm的二氧化碳浓度和气温升高两度对于一些人来说是可以接受的，但是上一次地球升到这么高温度时，海平面上升了10米，而且那时的气候与现在截然不同!

2008年，美国宇航局气候学家吉姆·汉森在一篇提交给《科学》

杂志文章的摘要中写道：“如果人类想要保持同文明发展以及地球生物所适应的相似环境，那古气候证据和当前的气候变化表明二氧化碳的浓度需要从当前的385ppm降至350ppm以下。”为了唤醒公众的意识并得到公众的支持，美国环保作家比尔·麦吉本创立了一个很有发展前景的组织——“350.org”。2009年6月，麦吉本、汉森和我一起在纽约科学家会议的气候变化委员会工作，那时我就确信“350.org”这一组织的目标不仅要具有可行性还应具有强制性，才可以避免真正的灾难性后果。

作为一位母亲和祖母，我想引述2009年《纽约客》中对他的简介与各位分享汉森个人紧迫感的基本思想：“我不希望我的孙儿说‘爷爷知道发生了什么事，但他没有说清楚。’”

三、一切就绪：行动正当时

现有数百万名潜水员在仔细探索海洋

上页：南大洋是阿德利企鹅的家园

探索海洋

8

在商场或大学校园里走来走去的大多数人，
他们所掌握的技术比美国政府把人送上月球的技术还好。
我们每个人都是一个行走的超级技术大国……
相比人类所具备的无穷能力，
我们最大的梦想和最大的希望可能都太渺小了。

——范·琼斯《绿领经济》（*The Green Collar Economy*，2008）

人类探险的原因有很多：获得领土、寻求财富、寻找新的交通途径，但最重要的，是为了满足好奇心。纵观历史，人类一直在寻找新大陆、登山、远洋航行、登陆月球。实际上，这一切都是由人类的探索欲和求知欲激发的。T. S. 艾略特经常被引用的代表作《四个四重奏》（*Four Quartets*）最后一首诗歌《小吉丁》（*Little Gidding*）描述了这种撩人心弦：

我们将不停止探索
而我们一切探索的终点
将是到达我们出发的地方

并且是生平第一遭知道这地方。（汤永宽／译）

2009年，哲学家兼科学家爱德华·威尔逊在纽约庆祝他的八十岁生日时对送来祝福的人抛出几个大问题——我们是谁？我们从哪里来？我们要到哪里去？我们为什么在这里？除非进行探索，否则我们如何能发现并继续做大多数人儿时想做的事：问问是什么、为什么、怎么办、何时、何地，无所顾忌地睁大眼睛、不带偏见、满怀赤诚地去感受奇迹，然后去寻找答案。

早期的海洋探险家具有上述特性，但是他们的探险受限于缺乏可以探测深海的技术。即使在今天，科学家们在很大程度上依旧依赖渔网、拖网和远程部署的设备进行采样和记录深海的自然状态。健康人可以长途跋涉步行到最幽远的森林、最干旱的沙漠、最冷的冰川，以及登上海拔最高的地方。但是潜入海下一百多英尺又是另一回事。

对海洋的无知以及缺乏对人类与海洋关联的基本方式的相关性了解，导致人类的冷漠和自满，从而进一步导致人类近些年对海洋资源的滥用，最后给未来带来可怕的后果。20世纪，人类重点投资飞机制造业和空间技术，这两者已经能使人类进入宇宙并让人类了解宇宙的先进知识。而且这些投资有了很大的收效。同时，忽略海洋所付出的代价也是惨重的。

当然，如果我们想要探索海洋的深处，仍有问题亟待解决，但是到月球后向火星和木星发射探测器也是相当棘手的事情。

成功到达

在屏住呼吸，一口气潜入海底的自由潜水中，有些潜水技术好的人已潜入海平面以下150多米（500英尺）深的昏暗带进行短暂探索。位于黑暗海域上方的昏暗带，即海里只有微微光亮如黄昏般的区域，是多数生物的家园。为了使深海潜水具有意义或者甚至为了将有效的摄像机和传感器放在海底几百米处，人类需要应用创新技术。

19世纪30年代，商业潜水员开始使用“重型潜水套装”——重如铅的笨重潜水服、铅制鞋和连接一条输送压缩空气的软管的金属头盔——建立隧道、打捞沉船、开展军事行动、寻找宝藏并收集海绵、珍珠和宝贵的珊瑚。但是，最先使用该潜水服进行探索的其中一位科学家是自然主义者威廉·毕比，他在20世纪20年代后期用铜盔重型潜水服探索了百慕大的珊瑚礁。他在《海底世界》（*Beneath Tropic Seas*）中说道：“在没有借用、偷用、购买或制造各种头盔一睹海底新世界前千万不要死。对于这样的体验，相比之下，书籍、水族馆和玻璃底小船仅仅是实际旅程中的一张时刻表。”

我记住了毕比的话。当我还是个少女时，我跟着哥哥和一位朋友（其父是一名商业潜水员）在佛罗里达州威基沃奇河潜水，那是我们第一次使用压缩空气潜水，那时我们可能还没意识到自己已“借用”了毕比的头盔和压缩空气这一概念。

当今潜水员使用的系统始于1942年，那时法国海军上尉雅克·库斯托会见了工程师爱米尔·加尼安，两人讨论了如何设计一种用压缩空气瓶在水下探索的办法。讨论的结果是，加尼安研发的自动将燃料输送到汽车发动机中的需求阀变成了第一个自动潜水调节阀。

1952年，库斯托在《国家地理》杂志的一篇文章中写了他第一次戴“水肺”的“鱼人”经验：“水肺可以让人在数英寻深的海里自由滑行，不疾不徐且不会受伤。水肺让潜水员在潜水时可以脸朝下，可以在水中翻滚或慵懒地坐着，可以踢动鳍状脚向前行……在浅水域或深水域，潜水员身上感受到的水压不会重于一条从身边轻游过的鱼。”

我就是众多无法抵抗库斯托描述的海底“翱翔”画面的一员。20世纪50年代，我使用水肺从密西西比河三角洲到佛罗里达群岛一端探索了墨西哥湾的海岸线，在习惯有“潜伴”之前我经常独自潜水。20世纪60年代，在杜克大学的课堂上，我尝试向学生解释在使用水肺回到水面之前，我只有20分钟的时间能探索海平面下30米（100英尺）的珊瑚礁。我将这种探索称为“秒表式科学研究”。我想知道，如果科学家不开吉普车，在不到半小时的时间内只能走30米看看四周，这么做对陆地上的任一森林、高山或者考古遗址能了解多少！

那时，人类探索空间和登陆月球的热情与探索海洋与日俱增的兴趣是平行的。1961年，尤里·加加林成为人类历史上第一个进入太空观察地球的人，而美国海军上尉唐·沃尔什和瑞士海洋工程师雅克·皮卡德下沉到世界上最深的马里亚纳海沟观察海洋世界。当沃尔和皮卡德向人类表明每个人都能尽可能深地进入海底时，其他人已经在解决如何在海底待得更久的问题——如何能真正地在海底居住。

水下生活

1870年，儒勒·凡尔纳在《海底两万里》（*Twenty Thousand Leagucs Under the Sea*）中幻想人类能居住在海底。在小说人物尼莫船长和埃瑞纳克斯博士的对话中，凡尔纳如是写道：“博士，你我都知道，只要携带足够的空气，人类是可以在海底生活的……”

美国海军上尉兼医生，并被亲切地称为“甲板爸爸”的乔治·邦德确信凡尔纳的愿景是可以实现的。20世纪50年代，他发现“一旦潜水员的身体充满了压缩气体……不管潜水员在水下待数小时、数天、数周甚至数月，其减压时间都是一样的。减压所需的时间取决于潜水深度和吸入的气体。”

在和雅克·库斯托以及航空先驱、工程师埃德温·A. 林克分享自己的想法之前，邦德在美国海军实验室花了五年的时间根据自己的想法进行实验。到了1962年，库斯托和林克已经独立地成功发展了饱和潜水项目，这为后来数十种潜水系统提供了理论基础，其中包括美国海军海上实验室计划和其他军事系统，以及众多支持海洋石油和天然气工业的商业潜水作业。

1969年，宇航员第一次在月球上行走，与此同时，有四个人在水下实验室“玻陨石一号”（*Tektite I*）住了两个月。突然间，很多梦想都成了现实，人们开始相信詹姆斯·洛夫洛克在其作品《盖娅的复仇》（*Gaia*）中的说法：“我们应该记住，在有生之年，昨日的科幻小说几乎每天都在变成历史事实。”

1970年，在“玻陨石二号”（*Tektite II*）项目期间，我有幸亲身体会了在海下15米（50英尺）温暖干燥的水下实验室中用餐和就寝，无论是白天还是黑夜，每当我想游泳时，只要从地板上的圆洞钻入海底即可。成为水里的居民，有时间停留、观察并了解个别鱼类以及它们种群所处的位置，这让我对其精妙性和复杂性有了更深刻的领悟，这些是短时间潜水体验不到的。

通过这次体验，我们明显感受到延长潜水时间以及人类在海里所处时间的重要性，但是对潜水员来说，潜水深度是有限制的。有些使用氧气、氦气混合物和微量氮气的商业潜水员可以在海下三百多米（1 000英尺）作业，个别潜水员曾潜水至海下610米（2 000英尺）。这意味着大部分海域都在人类潜水范围之外，除非人类驾驶潜艇到达。

不断深入

早在17世纪中叶，英国人约翰·维尔金斯就指出了驾驶潜艇所体现出的明显优势：

· 私密性：驾驶潜艇……不易被发现……

· 安全性：躲避无常的潮汐和强烈的暴风雨……

· 可以作为利器……抵抗海军敌人，破坏和击沉敌人水中的船只……

· 对水下实验和科学新发现来说，好处多到无法形容

宝瓶座海底实验室：位于佛罗里达拉哥岛海洋里的美国空间站

直到20世纪30年代早期，潜艇的军事用途才受到重视，那时威廉·毕比联手潜艇设计师和工程师奥蒂斯·巴顿设计建造了一种带缆潜水装置——探海球，探海球最终带领他们在百慕大附近水下半英里处进行了多次潜水。待在这个厚7.6厘米（3英寸），半径0.9米（3英尺）的空心大铁球内可以使他们免受水压。毕比透过一个很小的舷窗看到了无人见过的闪烁着光芒的水母，看到了两侧像远洋客轮一样有灯光的鱼类，还看到了发出阵阵明亮墨色光芒的鱿鱼。1934年，毕比在其作品《下潜半英里》（*Half Mile Down*）中描写了他的下潜经历：

> 在人类充满敬畏的双眼看来，唯一能和这些奇妙水域相媲美的地方肯定是原始的空间本身，在大气层之外，在恒星之间……在这里，黑暗的空间，闪耀的行星、彗星、恒星注定与生命世界紧密相关，这个地方就在海下半英里宽阔的海洋中。

当我还是个孩子，我就深深着迷于毕比对深海下潜的生动描述，实际上，切身体会下潜深海甚至比书中的描述更棒。

我把小潜水器“深海工作者号”停在佛罗里达州托尔图加斯西部的海底斜坡，水尺吃水490米（1600英尺）。“深海工作者号”是为单人潜水设计的，它更像是潜水服而不是潜艇。一路下潜，一百多只加勒比海礁乌贼已经密密麻麻地集合在我的肩上，它们就像是一件活动的斗篷，跟着我转身，跟着我前进，跟着我停下脚步看我给鱼或螃蟹拍照。快速移动的甲壳纲动物群绕着潜水器的灯光轻拍，引来了很多小灯笼鱼。灯笼鱼只有指头大小，它们似乎被包裹在金属箔里，两侧会发出蓝绿色光，就像是会发光的小纽扣。偶尔会有乌贼脱群吃掉一条小鱼，引起鱼群乱窜，使得潜水器看起来像在洗银蓝色的鱼鳞澡。

为了不让乌贼把潜水器当作是大型发光鱼，我关了潜水器的灯，静坐在黑暗中细品这一幽暗的时刻。在知道人类还未占领这一独特领域的情况下，想象这种感觉一定就像一条我曾见过的灯笼鱼、乌贼或者细长的鳗鱼头朝下掉进泥泞沙滩的洞中然后迅速消失。头朝下！人类着迷于诗意的概念，不知怎么的，人类都应该“轻触阳光”，但是，在这天鹅绒般的黑暗中，我比以往任何时候更能够深切地体会到，大多数动物的感官在幽暗腹地生活时更灵敏。

知道海里的所有生物有时生活在黑暗中以及大部分生物从未感受过阳光是一回事，坐在比帝国大厦高度还深的海下数百英尺处，沉浸在黑暗的海底中，看着发光性生物微弱的光给深海带来了星夜般的光环又是另一回事。计算机、传感器和水下机器人的内置摄像头可以记录地形、计算鱼类数量、取样并进行精细调查，但机器人无法描述深处海底给人的感觉，无法描述为什么它想探索，而且机器人无法凭直觉去探索，无法吸取引航员偏离任务的失败经验，无法大笑，也无法梦想下一次潜水要做什么。

当我重新打开灯，一只红眼睛、长着细长的羽毛状蟹腿的螃蟹像太阳马戏团的演员般蹑手蹑脚优雅地爬过来，就像巨大的等足目动物窜入了我的眼帘。这些鞋子大小的、和恐龙同一时代的甲壳纲动物是我家花园里微小鼠妇虫的表亲，在繁衍的过程中，它们的变化相对较小，一直到19世纪，人类才在墨西哥湾钓出的一只螃蟹身上看到它们的变化。现在我坐在这温暖又干燥的潜水器里，避开了每平方英寸近4 000公斤的水压，这压力对巨足类动物而言是正常的，但是如果没有钢制潜水器以及头顶上方透明的丙烯酸保护圆顶，那么这压力对我而言是致命的。

我驾驶着潜水器，慢慢移向一条深红色的小鱼，它把一半的身子埋在柔软的白沙里，我太专注于拍摄这条小鱼多齿的扁脸，以至于差点没看到潜水器小灯圈边缘滑过一条银色的鱼。那是一条海洋翻车鱼，几乎和潜水器一样大，它滑过潜水器又折返看了一眼。我抛下红色小鱼，及时调整镜头方向记录朝我游来的翻车鱼的脸和它如马眼一般的大眼，这条像个大碟子的翻车鱼和我对视，它在观察这架曾在海底出现的潜水器，它把潜水器当作新奇的发光生物。翻车鱼盘旋了好几次，然后开始向上移动，我紧随其后跟着上升，向上追了差不多100英尺，它消失在我的视线里。虽然接触时间不超过4分钟，但这条翻车鱼却让我永远记住了人类并不是地球上唯一有好奇心的生物。

后来研究海洋翻车鱼的专家证实，在海下近500米（1 640英尺）看到“翻车鱼”（叫这个名字是因为这种鱼习惯像大碟子一样翻过身来躺在水面）是极为罕见的，而人类在那个深度寻找翻车鱼更是极为罕见的。仅仅依靠摄像机镜头狭窄的视野范围本来会使我错过目睹的一切，幸好我及时看到了这条翻车鱼。

让我得以在2001年驾驶单人潜水器“深海工作者号”潜入海底的20世纪和21世纪技术，需要的不仅是已获权制造潜水器的天才工程师们，而且需要得到机构和个人的支持，而这些机构认为人类应优先考虑深海探索。1997年，美国国家地理学会邀请我签约成为驻会探险家，这是为了配合戈德曼夫妇基金支持的“海洋勘探、研究、教育和保护”项目这五年的奉献，该项目在1998~2003年转变成可持续海洋探险项目，让我有机会待在海里思考巨型等足类动物、鱿鱼、灯笼鱼、翻车鱼以及海洋生物和人类之间的相关性。

美国国家海洋和大气管理局也参与了此次探险，他们提供重要的船只、工作人员和专业技术的支持，最终有一百多个机构（包括州立机构和联邦机构）、私企、大学、科学家、教师、学生，以及来自公私合营、产业与政府合作的大众参与了该项目，这一举动为以前从未探索的领域建立了基线数据，还引起人类关注并支持美国、墨西哥和伯利兹海洋保护区系统，该系统虽然才建立但很有前景。

对我而言，可持续海洋探险最重要的成果之一就是增加了人们对海洋极其有限的认识，即使在人类已经繁衍了几个世纪的地方也是如此。对于许多参与者来说，有必要更好地了解珊瑚礁、海洋生物种群以及水域本身的特质，同时要不断增强海洋对世界运作方式影响的认识， 还要知道有多少海域未被探索。

有风险吗？有哪些风险？

2007年8月，俄罗斯潜艇“和平一号”（*Mir 1*）与“和平二号”（*Mir 2*）的投入使用带来了惊人的结果，这一事件在我的手机里有记录，就在潜水器首席设计师和首席引航员阿纳托利·萨格勒文基发给我的一条语音信息里。

打开语音信息我听到“西尔维娅！我是阿纳托利，我在北极。我刚搭乘‘和平号’潜艇从海下4 200米（13 800英尺）回来啦！”停顿了一会儿，我听到了酒杯碰撞声和一阵哄然大笑。他们肯定是在庆祝。十年来，阿纳托利、我和几位勇敢的探险家，其中包括唐·沃尔什——驾驶“的里雅斯特号”（*Trieste*）深潜器成功到达海底最深处马里亚纳海沟的先行者，弗雷德·迈凯伦——多次执行北极冰下任务的美国海军潜水艇“皇后鱼号”（*U.S.S Queenfish*）船长，澳大利亚探险家及企业家迈克·麦克道尔，忍不住讨论了怎样才能到达“真正”的北极——1909年罗伯特·皮尔里和马修·汉森提出的浮冰以下4 500米

（15 000英尺）。我们提出了几个计划，但是后来每个计划都因为这样或那样的原因被取消了。最后有六个人搭乘“和平一号”与“和平二号”成功潜入北极冰下，麦克道尔是其中之一。

“我们想你了，”萨格勒文继续说，“这是一个伟大的科学成就。”（我听到了更多笑声和觥筹交错声）“但这是我们共同的成就！”

在探险中，有一面钛制的俄罗斯国旗插在北极地区中央的海底，因此俄罗斯获得了进入深海的优势，还宣称了极地冰下的土地所有权。毫无疑问，如果用机器人探索，效果会不一样。

有几支队伍共同合作，让人造潜艇载一个或多个观察者进入深海，理由是“如果你可以到最深的地方，那么你就能到海洋里任何一个地方”。想潜入海底火山或者潜入北极海很深的地方，或进入海底狭窄的缝隙、洞穴或裂口时，可能会因为高温而受限制，但是当潜水器从理想变为现实，深度至少不会成为海洋勘探的限制因素。

人类是否适合“恶劣环境”——在水下穿越南极大陆、探索洞穴或绕行地球，长期以来一直备受争论。2004年，“哥伦比亚号”（*Columbia spacecraft*）飞船失事，7名机组人员遇难的悲剧促使美国宇航局局长肖恩·奥基夫主持了一场判断勘探风险问题的会议，会议针对是否继续把宇航员送上太空的看法提出了一些问题。当时许多人认为——现在仍有许多人这么认为——“一个精心设计的机器几乎足以取代人类亲自到达任何地方，几乎能做任何事情。”

奥基夫在开幕词中说：“在人类历史的长河中，每一次的重要进步都是因为人类想了解和探索一片领域，在那片领域做未做过的事……人类史的每一次进步……都归因于我们人类本身的特点。”另一方面，他承认：“是的，冒险本身具有失败倾向。否则，它会被称为‘必胜’。”

大部分出席者表示，尽管冒险存在不可避免的危害，但他们仍强烈支持让人类探索可能到达的地方。持有该观点的人包括深穴探险家威廉·斯通，他说，有两个地方他更想让机器人而不是让人类去探索：一个是会让人类死亡的地方，另一个是人类到不了的地方。为阐明探索性质，他引用曾被指责为“冒险家”的北极探险家菲尔加摩尔·斯蒂芬森的话。他的回答是：“冒险就是出错的探险。”

当查尔斯·林德伯格和安妮·莫罗·林德伯格即将踏上第一架由东到西飞越北极的飞机，在没有飞机飞行过的领空飞行时，记者询问了他们关于旅程的危险以及他们对相关风险的担忧。“你们认为这是一趟特别危险的旅行吗？”他问。安妮·林德伯格在她的书《从北美到东方》（*North to the Orient*）中对此做出回应：“很抱歉，我真的没有什么可说的。毕竟，我们想去那里。谈及危险能有所帮助吗？”

在美国航天局的会议上，我说：“没错。危险是探索的沉默伙伴……但更大的危险是不探索。”

机器人探险

用于克服人类局限的新技术包括声学探测、卫星监控、传感器、激光器、创新潜水系统、遥控潜水器、自主无人和载人潜水器，及利用计算机进行存储、分析和传送所获取的大量数据。但21世纪出现了一些载人潜水系统，这些系统甚至能到达平均深度为4千米（2.5英里）的海下，即泰坦尼克号沉没在海底的深度。其中，伍兹霍尔海洋研究所的“阿尔文号”（*Alvin*）深潜器已经比其他潜水器在更多的海域进行了更多次的成功潜水。阿尔文深潜器建造于1964年，它的载人空间是个惊人的小圆球，这个重负荷机器很快被更美观、能潜更深的潜水器替换掉了。全世界只有四台载人潜水器，这当中没有一台潜水器是由美国操作的，它们都能下潜（并返回）6千米（4英里），即超过海底一半的深度（工程师喜欢说只有往返行程才算数）。

同时，自20世纪80年代以来，无人遥控潜水器和无缆水下机器已经从相对简单的“飞行眼球”系统发展成多种多样的小型、中型和一些超大型的系统，用于从前只能由潜水员完成的任务，也用于许多潜水员无法完成的任务。油气业尤是如此，油气业已大力投资许多高科技遥控系统，这些系统用于检查、维护和维修管线及井口设备。有个系统甚至还可以把不小心捕获的大海鳗轻轻放回海底，这条大海鳗被困在墨西哥湾美国科尔-麦吉供公司生产钻机上一个待修的防喷器里。

本书作者在佛罗里达州普利珊瑚礁群驾驶单人潜水器“深海工作者号”

总部设在加利福尼亚州的深海探索与研究事务所（后更名为多尔海洋工程公司）为南极研究专员罗斯·鲍威尔建造了一台独特的潜水器，该潜水器长6.7米（22英尺），可以从一个直径59厘米（22英寸）的冰洞滑过，并穿过1千米（0.6英里）的冰层，这个冰洞通过一条细长的光纤线路连接到海平面。一旦进入冰里，系统就会像变形玩具一样展开，它能在海下一千多米处探索一个星期，采样并发送实时数据给鲍威尔和他的同事们——他们不是很愿意亲自到能由潜水器代为下潜的地方。同样，现在机器人也可以在火星表面翻转，但是有些人（总是有这么一些人）仍然梦想着能亲自登上火星。

蒙特雷湾水族馆研究所已经开发了几台大型无人有缆遥控潜水器，用于对蒙特雷峡谷周围地区数年的系统调查，相比大多数陆地环境，研究人员更加详细地记录了该地区的生物本质和整体环境。

2009年5月31日，伍兹霍尔海洋研究所成功地将其最新的海洋勘探装置——“海神号”（*Nereus*）——部署在海洋最深处的马里亚纳海沟。这是继1998年日本探测艇“海沟号”（*Kaiko*）最后数次潜入马里亚纳海沟之后第一台潜入该地的遥控水下机器人。2003年，“海沟号”在风暴中神秘失踪，这是继1960年的“的里雅斯特号”潜水器之后、“海神号”之前，唯一一台能探索马里亚纳海沟的潜水装置。

“海神号”装有机械臂、摄像头、传感器和供电的机载电池。尽管轻质的细光纤缆线装置可以将视频传送给大显示器，但是“海神号”既可以由水面舰艇上的舵手控制，也可以切换到自由游动的无人控制工作模式且最终能自动回到水面。与大多数大型无人遥控潜水器和载人潜艇相比，“海神号”体型较小，宽2米（8英尺），长4米（14英尺），重约3吨。

“海神号”系统成功的秘密在于它有多种功能且具有以下属性：

能像飞机那样调查并绘制广阔的区域，随后可以当场转换成舵手控制系统连接最细的电缆，被部署在超深的海域。大部分有缆装置使用的是周围有铜线的钢筋海底电缆以及传送电能、向潜水器发送消息或从潜水器接收信息的光纤。一般情况下，电缆的重量会远远超过潜水器的重量，这个像狗尾巴一样摇晃的装置通常需要精密且昂贵的水下中继器。

用于“海神号”的光纤技术主要由美国海军开发，该技术已开创了新的可能性，能让人类在过去到不了的地区工作。安迪 · 鲍文，该系统的项目经理和主要开发者在成功部署时说：“有了‘海神号’这样的机器人，现在我们几乎可以探索海洋任何地方……我相信‘海神号’标志着海洋探索新时代的开始。”

绘制海底地形图

既然人类手上有月球、火星和木星的详细地形图，那么精准地绘制地球表面看似也合乎情理。但，非也！因为大部分的地球表面在海底，所以当然无法用传统的制图技术拍摄和绘制海底地形图。令人惊讶的是，虽然存在上述困难，现在人们已经能够展望地球上的主要山地构成——64 000千米（40 000英里）的山脉像巨型脊骨沿着主要海洋盆地一路往下，尽管很少有人能直接看到它们。声学技术使人们能通过声音“看到”海底山脉，因此能绘制数千座山峰、山谷、丘陵和平原，即使有的山脉是在海下数英里；但声学技术也需要使用置有适当声呐系统的大型船舶，像“修剪草坪”那样在海面上来来回回以便收集所需的数据。

卫星获得的数据大大增加了人类对深海海底的整体认识，了解了20世纪后期才发现的许多未知事情。在美国《国家地理》杂志上刊登的《海洋：插画地图》一文中，海军少将蒂莫西·麦基对新技术进行了概述，这些技术为更好地绘制海洋地形图带来了希望。自发电海洋滑翔机现在也可以协助海洋调查，它在每次的调查中提供了数兆数据，比起之前一贯的单个数据，这真是很大的进步。更多的数据需要更强的计算能力，而此项技术也在研发中。

同时，科学家也计划着手开发全球范围内的监测台站——全球海洋观测系统。这最终能改善天气预报准确率，还能大大扩展知识，加强人类对海洋不断变化的性质的了解。

知道人类有能力改变海水性质也许是探索海洋至今最重要的发现。但最伟大的发现尚未出现，即学习如何在有限的地球资源中生存。感谢过去几代好奇、大胆、勇敢的探险家，他们让人类有可能对地球资源拥有足够多的了解。很快，所了解的这一切足以为人类绘制一条通往未来的安全通道。

海洋管理

9

随着新世纪而来的是天空、大自然带来的巨大改变

——社会的、政治的和经济的。

如果我们希望生活和从前一样美好：

如继续维持我们在科技、经济和道德领域里的主导地位，

继续保有一个适宜居住的、动植物欣欣向荣的地球，

人类可持续地繁衍生息

——有些事情就必须迅速做出调整。

——托马斯·弗里德曼《世界又热又平又挤》

（*Hot, Flat and Crowded*，2008）

1979年，《纽约时报》发表了伍迪·艾伦为毕业生做的演讲，演讲的开头是："有甚于历史上任何一个时期，人类现在正处于十字路口。一条路通向绝望和彻底不可救药，另一条通向完全灭绝，就让我们祈祷我们拥有足够的智慧，能够做出正确选择吧。"

但现在有第三条路，这条路能带领人类通向永恒的生存环境系统，前提是人类必须清楚其他生物的重要性。然后通过用这些知识武装自己，人类才能够真正地停止破坏自然，并尊重自然，继续生存。

为了听取关于另一条路的计划，我于2009年6月前往瑞士日内瓦参加了莫里斯·斯特朗的八十寿诞会，斯特朗是个成功的商人，他曾经帮助推动并落实了很多记入史册的有效保护区。约有100人聚集在

世界自然保护联盟的总部，世界自然保护联盟1948年成立于法国的一次会议，共有来自18个政府、7个国际组织和107家地方性保育组织的代表参加了会议。斯特朗在这个组织的发展中曾发挥了很重要的领导作用，该联盟现在由超过1 000个政府或非政府组织、来自160多个国家近11 000名科学家志愿者组成。

1972年在斯德哥尔摩召开的第一次联合国人类环境会议上，秘书长斯特朗提交了一份报告：《只有一个地球：对一颗小小行星的关怀和维护》，该报告是58个国家的152位权威专家在会前为大会做准备的调查结果总结。该会议是环境保护的第一个里程碑。

在日内瓦会议上，我听到贺寿者回忆起100年前西奥多·罗斯福总统尝试召开一场国际自然保护大会来制定“世界资源及其调查、保护和明智利用”政策，但相关的计划被罗斯福的继任者威廉·霍华德·塔夫脱取消了。另一次大范围倡议的失败发生在20世纪20年代末，当时国际联盟在一项拟议的世界渔业政策上未能达成一致，但至少该理念植入了人类脑中，最终在随后的《联合国海洋法公约》审议中得以通过。

终于，在1972年斯德哥尔摩会议上，“环境问题”得到了正式承认，与之一同出现的是一种新型多边外交——“环境外交”。会议的成果之一是成立总部设在内罗毕的联合国环境计划署。作为该机构的首任执行官，斯特朗做的第一件事就是召集研究气候变暖的相关专家开会，他们之前已经针对这一关键性问题开过数次会议。

尽管越来越多的人意识到了前科罗拉多州参议员蒂莫西·沃思观点的真实意义——“经济是环境的全资子公司”，但在从1972年到1992年的20年间，世界自然资源消耗与地球环境污染正以前所未有的速度发展，这和翻了近两倍的地球人口密切相关。有些人认为这是社会进步的代价，即所谓发展的代价。使用土地、空气、野生动物和矿物的冲突产生了许多国内和国际的新环境政策和法规。在美国，20世纪70年代的立法重点放在新鲜空气、清洁水、濒危物种、湿地、海岸带管理、海洋哺乳动物保护以及海洋保护区。

20世纪晚期，保护环境所需的道德规范位居上风，在伍迪·艾伦预测的两条死路之外有了新的希望。1992年，在巴西里约热内卢召开了联合国环境与发展会议，又称“地球峰会”，其基本目标是“找到平衡点”。作为大会秘书长，斯特朗带领大家在气候变化和《生物多样性公约》上达成协议，《21世纪议程》也因此诞生。

作为国家海洋和大气管理局的首席科学家，我前往里约热内卢召集并参与该会议。多亏斯特朗，我才有机会参加许多重要的会议。有一次，我感受到周围紧张的氛围，因为古巴总统卡斯特罗发表了长达4个小时的演讲，他走上讲台后把每个国家发言人的说话时间精准地压缩到7分钟。172位政府代表，其中包括108位国家元首，出席了这场有史以来最多国家领导人参与的会议。众多演讲，包括老布什总统的演讲，都承认了良好环境和人类繁荣未来两者之间的联系。目前的观点是经济和环境并非对立的两极，相反，经济和环境是相互依存的。健全的经济环境需要良好的生态环境，良好的生态环境需要健全的经济环境。无论何时，只要一者陷入困境，两者都会陷入困境。

《21世纪议程》承认了海洋问题，尤其是和污染有关的行为及海岸带管理，但该议程却忽略了主要话题，包括承认海洋在地球生命支持系统中发挥的重要作用以及采取防护措施的迫切性。

2002年在南非约翰内斯堡召开的可持续发展世界首脑会议，或称“地球峰会2002”，旨在再次申明十年前里约《21世纪议程》中确定的目标。与会领导人一致通过了在2015年之前恢复世界枯竭的鱼类种群的决议，这是最雄心勃勃的计划之一。

贺寿者在斯特朗数十年“功不可没”的庆祝活动上指出，1972年人类似乎有时间等待更科学的澄清，有时间处理自然界所面临的压力。在1992年里约会议上，采取行动的紧迫感已经加强。到了2002年，在约翰内斯堡会议上，问题变得尖锐起来。但现在，斯特朗说了一句话，他所说的每一个字都承载着八十年经验之重。他说：“我们快没时间了。我们知道该做什么。现在，我们必须采取行动。”

公海自由

世界上几乎每寸土地都已被一个或多个国家、机构和个人宣示了所有权，而且制定了法律说明“该做的”和“不该做的”，并通过政策和所有权规定了何人在何地可做何事。连地球上的领空也严格管制。但人类对领海有不同的管理方法。直至20世纪晚期，甚至在当今，一旦远离陆地，海洋就被视为一个任何人都享有“公海自由”的地方。严格说来，这一概念允许所有国家的所有船只不受阻碍自由进入国际水域，并在战时确保中立的航运贸易（已被封锁的地区除外）。但同时这也意味着人类可以自由使用海里的东西，包括深海里的鱼和遗失在深海中的货物以及往海里倾倒废物和有害物质。

无论是陆地、空中或海上“所有权”的概念，在人类史上都相对较新，这也许是随着人口增长和共享空间伴生的压力带来的不可避免的后果。这看似是件非常人性化的事情，是为了拥有和捍卫领土和财产，但人类并非是唯一的领土争夺者。雄性知更鸟向听力范围内的所有生物宣称某片树林和灌木丛的所有权；大型后颌鱼之间通过互相挑战在加利福尼亚湾海底各自的领地内保持一定的距离，或者是通过激烈的撕咬战斗求得生存；连蚂蚁都会为了争领土而战斗。如果人类事先咨询过灰鲸，那么迁徙数千英里到下加利福尼亚半岛沿岸四个独特潟湖的灰鲸很可能会反对日本墨西哥联合在圣伊格纳西奥建设大型盐加工厂的计划，因为这里是“灰鲸”的繁殖和育幼区。

唐·马奎斯在他1927年的著作《阿尔奇和梅希塔贝尔》（*archy and mehitabel*）中的《癞蛤蟆疣毕力格恩斯颂歌》（*warty bliggens, the toad*）中描述了这种非人类独有的特性：

我曾遇到一只蛤蟆
他的名字是疣毕力格恩斯
他坐在毒菌下
洋洋自得
他解释道
宇宙创造之初
毒菌是专为他设计
用于遮阳挡雨
寥寥数语表明
疣毕力格恩斯视己为宇宙中心
大地的存在是为了滋养帮他遮挡的毒菌
太阳的存在是为了日日夜夜给他光芒
让夜空绚烂的流星也是为了疣毕力格恩斯……
我问他
为何宇宙如此厚待你

疣毕力格恩斯不答反问
宇宙何德何能可以拥有我啊……

人类和疣毕力格恩斯一样往往认为地球上的一切都属于自己，不顾及知更鸟、大鳄鱼、蚂蚁、鲸鱼、鲔鱼、癞蛤蟆以及数百万共享地球空间的生物的感受。

虽然人类可能不是唯一认为自己对地球或其中某个区域享有专属权的物种，人类甚至可能认为地球“属于”人类，但其他物种看似没和人类一样有忧患意识：人类现在的行为不利于人类的最终存活，人类关心的不只是现在，人类还关心下一代，关心其他生物的命运。这也许深深植根于人类的生存本能，或者这可能带有利他主义的色彩，利他主义偶尔在其他物种身上会有体现。不管是什么令人类具有高级动物的优势，人类才刚意识到自身行为已造成且将继续造成的破坏性影响程度，既影响了维持人类生存的自然世界，也影响了人类本身。人类与海洋的关系尤是如此。因为我们认识到了这个事实，所以我们亟须反思那些将人类处于危险之境的政策。

虽然“公海”（除去已被多国宣示所有权的海域外64%的海洋）仍是个人、企业和各个国家自由通行的地方，其中有11个国家在此展开工业捕鱼活动，“狂野西部/往事随风”曾是对海洋松散的管理状态的代名词，公海在很大程度上是一片人人可免费使用的蓝色大海。

15世纪，西班牙和葡萄牙企图宣称对海洋大部分地区的航运权，这两个国家均认为海洋是为了服务他们而存在的，这真是个大胆的疣毕力格恩斯式的想法。无法控制或维护海洋所有权导致17世纪人类有了公海的想法，公海的字面意义取自荷兰人雨果·格劳秀斯提出的“公海自由”。这个概念带来的一个推论是——海洋有取之不尽、用之不竭的资源。直到18世纪后期，各国对任何部分的海洋并无有效的所有权，个别区域除外，在那里社会团体会捍卫当地鱼类和其他有价值资源的“所有权”。

自第二次世界大战以来，联合国及其附设机构已经通过许多关于海上苦工、海盗、贩毒和海洋保护区问题的国际条约。待解决的问题很多，但现在已有数百条关于渔业管理、海洋哺乳动物、废物处置、溢油应急处理以及气候变化的国家性、区域性和全球性的环境法规。

《联合国海洋法公约》及其他法规

目前《联合国海洋法公约》是各国海洋行为的国际政策和管理的主要机制。该公约起草于20世纪70年代并于1982年开放签署，当时共有119个国家签署，1994年已有60个国家批准《联合国海洋法公约》，这就意味着该公约正式生效。该公约现在对55个国家以及批准它的欧美国家有约束力。美国是唯一一个在海洋法公约制定中起关键作用但仍未成为缔约国的海洋大国。1998年克林顿总统代表美国签署了公约，但十多年后，美国参议院仍反对批准该公约。

尽管如此，随着21世纪的到来，《联合国海洋法公约》制定了全面的全球法律框架，用于管辖海面及海底的人类活动。历经多年激烈的协商和煞费苦心精心推敲的词语、段落、原则，甚至是标点符号，组成了数百页的条文，这些条文定义军事活动在公海、国际海峡及沿海水域的权利，定义全球贸易的自由流动，规定在公海铺设海底电缆和管道的自由，罗列海上执法的国际框架，定义海洋环境保护，定义海洋科学研究，建立机制解决国际争端。

《联合国海洋法公约》条款允许沿海国家对200海里专属经济区（EEZ）内的生物资源与非生物资源拥有管辖权，这增强了许多国家对海洋的兴趣，特别是小型岛屿国家，这些小岛国在国际舞台上的活动次数突然变多了。

1983年，里根总统宣布美国拥有200海里的专属经济区，这让美国领土面积翻了一倍多，但在《2000年海洋法令》出台前，美国一直没有相关的海洋管理政策，这是自1960年以来美国第一次出台相关政策。在美国倡议的独立非政府组织——美国皮尤海洋委员会成立不久后，国家海洋委员会成立了。

皮尤海洋委员会提交的《规划美国海洋事业的航程》报告反映了国家委员会的许多调查结果。时机成熟之际，皮尤海洋委员会和国家委员会一同发起了海洋委员会联合倡议。

2002年，当这两个美国委员会在审议美国海洋政策时，我建议英特尔的共同创始人和生态环境保护者戈登·摩尔适时召开会议评估国际海洋问题，该会议产生的影响可能堪比“保护国际”[1]2000年在加州理工学院举办的挑战自然末日大会。科学家、经济学家和商界领袖在DNE大会上负责定义可以阻止全球生物多样性丧失的行动，重点强调“希望之海”——该地区生物多样性丰富且危险性高，同时还是未受破坏的荒野地区。事实证明该会议的行动计划有举足轻重的影响，这些刺激性行动展示了能让世界具有健康的多样生态系统的经济、社会和安全优势，而且还强调了生物多样性丧失引发的问题。

在2001年的大会报告上，《科学》杂志指出：“大大增加生物多样性保护地区的面积是一个明确且可实现的目标，该目标可通过使用私营部门募集的资金和政府调节实现。”大会确定了实现目标的关键需求：融合并传播已有知识，投资有针对性的研究，在致力于多样性保护行动的国家集中发展研究和管理中心，说明生物多样性、生态系

1　该组织成立于1987年，是一个总部位于美国华盛顿特区的国际性非营利环保组织。——译者注

统及其服务和人类之间的联系，所有这些都通过加强和持久地保护世界各地的“希望之海”和荒野地区而给人类带来好处。

2000年，挑战自然末日大会针对沿海和海洋问题给予了一些成熟的意见，但建议和实施均主要集中在陆地。后续对海洋的关注似乎也很及时，2002年，戈登与贝蒂摩尔基金会同意支持一项为期一年的项目，收集数据以准备并举办一场会议，考虑如何改善海洋生态环境。2003年5月，来自70个组织和20个国家的150名科学家、政策制定者、教育家、经济学家、通信专业人士和商界领袖聚集在墨西哥洛斯卡沃斯，参加2003年5~6月的挑战海洋末日大会。

一个世纪前，英国生物学家托马斯·赫胥黎在其著作《人类在自然界的位置》（*Man's Place in Nature*）中阐述了接受极具野心的挑战的潜在动机：

> 有关人类的许多问题之一，就是确定人类在自然界的位置，确定人类与宇宙间事物的关系，这个问题是其他一切问题的基础，比其他问题更为有趣。

挑战海洋末日大会与会者关注的基本点是：人类在海洋中的位置是什么?

令一些人错愕、也令另外一些人愉快的是，为期一周的会议所提供的墨西哥丰盛菜单中故意没有安排海鲜。毕竟，在一场讨论如何保护海洋生物的会议上却有烹饪后的海鲜“出席”，这似乎有些不对劲。

本次会议的目的是制定一个全球行动计划，包含优先权、时间表和预算费用，目的是稳定和扭转海洋系统的毁灭性衰退。格雷姆·凯莱赫是一个有远见的澳大利亚人，他领导了大堡礁海洋公园管理局二十多年，此次会议由他主持并回顾了以下主要议题的进展，这些进展为审议提供了基础：

· 1992年的《联合国海洋法公约》

· 1992年的《生物多样性公约》

· 2000年的联合国千年首脑会议

· 2002年在约翰内斯堡召开的联合国环境与发展会议

· 2002年世界可持续发展首脑会议

· 2003年建立公海海洋保护区执行委员会（该委员会联合了世界自然保护联盟、世界自然基金会、世界保护区委员会以及致力于公海海洋保护区事业的一些政府）

显然，国际社会试图寻找办法处理自然系统的枯竭危险，自然系统对全球经济、卫生、安全和生命本身至关重要。虽然解决问题的第一步是知道问题所在，但是下一步更棘手——该怎么做？

提出解决办法

在挑战海洋末日大会上，一些地区因其地理特征被选为挑战海洋末日行动计划的试点：公海的海底山脉、南大洋、巴塔哥尼亚大陆架、热带太平洋的珊瑚三角区、加利福尼亚湾和加勒比海。上述任一地区的成功案例都可以带动其他地区。因此从整体来看，这可以实现全球性进步。

管理、渔业、海洋利用规划、勘探、技术和通信等问题尤为突出的是更广泛的加勒比海地区，该地区包括墨西哥湾、巴哈马群岛、特克斯和凯科斯群岛。

该区域包括大西洋生物多样性的核心地区，但处于相对较小的地理区域内，此处有明显的社会政治复杂性。人类带来的压力改变了已有数千年历史的环境，但正如考察过这些地区的挑战海洋末日小组所言：“毫无疑问，目前面临的压力是空前的。”

无独有偶，考古证据表明，即使那时人口数量很少，许多陆地物种也是在人类到达后灭绝的。15世纪后期，欧洲探险家到达加勒比海时遇到了住在岛屿上的两个主要人类群体以及其他人口数量较少的群体。大型动物，比如海牛、僧海豹和海龟已经因人类狩猎而减少，随后土著人的减少使得他们传统捕猎的物种数量得到短暂的恢复。但是情况很快有所变化，因为新来的欧洲人、非洲人和北美洲人食用自己种植的作物和捕获的鲸鱼、海豹、海龟、海螺、龙虾以及多种鱼类。1688~1730年，一支狂热的舰队每年在大开曼岛捕杀约13 000头海龟，用于养活牙买加的大量英国殖民者。到了18世纪末，大开曼海龟已大量减少。临近19世纪末在加勒比海一带捕杀海龟——主要是出口到英国的绿海龟，后果是可以想象的。

20世纪后半叶的特点是：经济从依靠农业和渔业转变为大大依靠旅游业，截至2005年，每年仅潜水旅游就带来十多亿美元的收入，但人类没有停止捕鱼。相反，随着新市场的服务能力以及可以达到更遥远地区的新技术的使用，环境压力增加了。底拖网捕虾和捕底栖鱼[1]不仅极大地改变了许多物种的种群数量，还破坏了大面积的海底，尤其是被拖网多次刮过的地方。

1 主要是指在海洋底层附近生活的鱼类，多为鳅科和鲇科。——编者注

21世纪初，加勒比地区的人口已经是20世纪70年代时的两倍多，该地区现在的人口数量接近5 000万。人类很容易就能发现海洋中并发的问题：污染、沿海开发、近岸栖息地的丧失、被当作消费目标的重要鱼类和其他物种的减少……问题名单又长又令人沮丧。然而，更具挑战性的是解决方案的提出。

挑战海洋末日小组分析了和加勒比海相关的众多环保协议，尤其是卡塔赫纳公约，即大加勒比区域保护和开发海洋环境公约，这是建立在《联合国海洋法公约》之上较为“先进”的区域性海洋公约。尽管海洋系统及海洋生物性质方面还有很多待探索和发现的东西，但这代表了世界最先进的研究区域之一，挑战海洋末日小组报告对此总结道：“足以挑战人类活动（人为）的影响趋势”。

当研究人员整合各个领域的问题进行了为期一年的分析后，一周的紧张会议和两年的后续讨论提出了下列在2005年发表的重要建议：

·把国家专属经济区以外60%的世界海洋作为世界海洋公益信托，通过合法途径使用公海，包括渔业；遵循协调、国际化的多用途分区制。

·采用以市场为基础的机制、捕鱼津贴调整和可持续发展实践以改革渔业。

·执行全球和区域交流计划以教育公众。

·创建、巩固、强化海洋保护区，让这些保护区成为全球代表性系统。

·制定一项扩充型研究计划，重点关注具有地域特殊性和生物多样性的需优先被考虑的海洋环境。

挑战海洋末日大会之后的活动都强调了采取行动的紧迫性。其中包括：

· 2003年在南非德班召开的世界公园大会

· 2004年在马来西亚吉隆坡召开的《生物多样性公约》第七次缔约方大会

· 2004年在曼谷召开的第三届世界自然保护联盟世界保育大会（第四届于2008年在西班牙巴塞罗那召开）

· 2005年在澳大利亚吉朗召开的第一届国际海洋保护区大会（第二届于2009年在华盛顿特区召开）

· 2009年在印度尼西亚万鸦老召开的第一届世界海洋大会

全世界的人类对自己在地球上愈发危险的处境都在采取行动，因为目前宇宙中尚无其他星球可让人类居住。

海洋管理，是道德问题？

在挑战海洋末日大会上，主席格雷姆·凯莱赫指出有些人已将《圣经》劝诫“统治海里的鱼、空中的鸟和地上活动的众生”解释为使命，一种勉强的义务，目的是消耗自然世界。但是，他说：“如果说环境问题已给人类带来教训，那这个训谕就是灾难性的。”他接着询问被召集来审议解决这一问题的人。“管理”一词可较合适地表现人类在地球上所扮演的角色，但其仍略带癞蛤蟆疣毕力格恩斯综合征[1]的味道。

东正教君士坦丁堡大公宗主教巴尔多禄茂一世曾宣布：“人类导致

物种灭绝，摧毁上帝创造的生物多样性；人类通过引起气候变化、伐光天然林或破坏湿地而破坏了地球的完整性；人类用有毒物质污染地球水源、土地、空气和生灵，这些都是罪恶。”

天主教教皇约翰·保禄二世肯定了“生态危机是一个道德问题”。不管潜在的道德是什么，事实上，和自然界、陆地、天空、海洋相关的人类行为已将人类带至悬崖，带到一个引爆点，一个以自己为中心的十字路口，人类有责任修复大自然。人类无法像变魔术那样变回大气中二氧化碳含量较少的时代，也无法回到鱼类、树木和野生世界较多的世界，但人类可以行动起来，让未来更美好。时间紧迫，人类别无选择，只能立即采取行动。如果现在不采取行动，人类将永远失去行动的机会。

卡尔·沙芬纳在《蓝色海洋之殇》（*Song for the Blue Ocean*）中如是问道：

> 那么，世界会变怎样呢？是退化还是恢复，是荒歉还是繁荣，是同情还是贪婪，是热爱还是恐惧，前方的日子是更好还是更坏？通过有所为或不为，每个人都能决定未来。

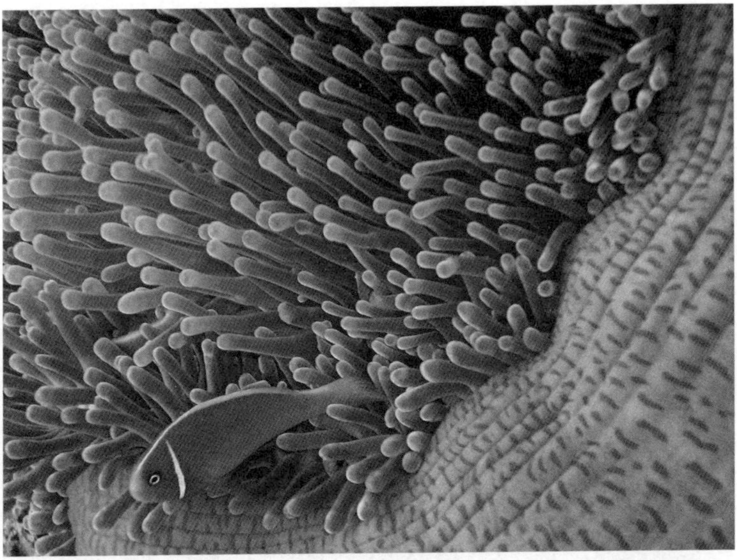

小丑鱼和它的宿主海葵有着持久的伙伴关系

鱼群随水流边界形成移动性群体

智能水产养殖

10

当我们从海里捕鱼，我们并不是在收割我们播种和照料的田野的农民；
我们是猎人，是生态系统的顶级掠食者，
我们比海洋食物链中的其他物种更有效率也更贪婪。

——丹尼尔·保利　杰·麦克莱恩
《在一个完美的海洋》（*In a Perfect Ocean*，2003）

中国的苏州是一座古老的城市，离上海很近。苏州因独树一帜的园林和大面积的湿地而闻名，苏州的湿地是沿着长江流域南支形成的。对我而言苏州是一座特别的城市，因为在那里我第一次看到了中国著名的鱼塘。1973年，作为首席科学家，我加入了一个女性小组，受邀会见同行的专业人士。在访问过程中，我们在许多城市见到了当地的官员，参观了医院、学校、博物馆和工厂，还在一个公社享用了很多美味的佳肴，这些菜所用的食材都是在离我们所处位置数英里内种植和捕捞的。

走过种植豆类、大白菜、大蒜和其他蔬菜的田地，我们被领到一处较高的地方。那里种植了修剪齐的桑树，桑树环绕着一片料理妥当的绿色鱼塘。一群鸭子游到池塘的另一边，为几名手拿渔网的男人让路。这些人把渔网在两个洞之间撑开。

我们组里的艾莉森·史迪威·卡梅伦（二战时期被称为“醋酸乔”的史迪威将军的女儿）16岁之前都在中国生活，她告诉我们接下来即将发生的事情。她说：“他们想让你们看鱼，鱼塘里养了五种不同的鲤鱼，所有的鱼都吃那些让鱼塘变绿的水藻，或者吃以水藻为食的小浮游动物。在鱼塘中繁殖和下蛋的鸭子也会被人们吃掉，只留下足量的鸭子繁殖更多的鸭子，其中大部分鸭子也被吃掉了。在中国，鲤鱼被称为‘家鱼’，因为即使是在小池塘也能被养殖。”

“那树呢？”我问她。“桑树是蚕的食物，”卡梅伦说，“蚕的幼虫靠吃桑叶成长，桑树依靠养鸭和养鱼的池塘水生长。没有东西被浪费。”

地球要养活七十亿人，但是地球就只有那么大，我们的确要避免浪费粮食。智能水产养殖有助于缓解捕抓海洋野生动物作为食源和商品的压力，而且可能产生大量高蛋白的可用新资源。但智能水产养殖仍存在亟待解决的问题。

蛋白质农业

公社的晚餐主要有米饭、至少一种鲤鱼、几种豆类、大白菜、手撕鸭和色泽透明清亮的食团，食团乍看像是透明的面条，后来我才意识到之前被我认为是黑胡椒的斑点其实是数百条小鳗鱼的眼睛，这是招待我们的一道特色菜。每一条细长的鱼，通常在从遥远的大海产卵场往上游的途中会被捕获，然后在公社的鱼塘里被养成1米（3.3英尺）长的成年鱼。甜点是又甜又黄的枇杷，事先被盛放在百合汤里，肉汤里浮着的果冻掺杂着几片新鲜卷曲的嫩叶。

千百年来，中国农民一直结合农业和水产养殖业，有效果且有效率地利用土地和水。中国农民用同一片水田滋养水稻和鱼类，用人类以及家畜——猪、鸡、鸭、鹅——的排泄物为作物提供营养。他们完善了几种生命力顽强的淡水鱼养殖，这些鱼长得快、以植物为食、口感好，而且在封闭的系统内也能大量养殖。如果目标是以最小的成本为农民和环境获取大量优质蛋白，那么上述例子都有很好的参考性。

可惜的是，鳗鱼无法作为高产量养殖的对象，因为鳗鱼的产卵地是开阔的海域。鳗鱼在海里用2~3年的时间进行惊人的转变，从鱼卵变成透明的幼鱼，这些幼鱼看起来更像是透明的叶子而不是鱼形，更别说像鳗鱼了。作为掠食者，鳗鱼的食性在成长过程中也会有变化，幼鱼吃微小的浮游动物，成年鳗鱼吃昆虫、小鱼和其他猎物。当鳗鱼在数英里外的淡水域生存了数十年后来到父母曾待过的江河时，这些鳗鱼还很小。把幼鳗鱼当作人类的晚餐对这些古老的生物来说是要付出大代价的，这些生物在地球上生存了数百万年，但在众多威胁其生存的危险掠食者中本没有人类。

事实证明，一些哺乳动物和鸟类都适合作为太阳能量的运送者进行养殖，它们可以把植物转化成供人类食用的大量蛋白质，比如牛、猪、绵羊、山羊、鸡、火鸡、鸭和少数其他动物。这些动物主要是食草动物，在出生后一年左右被带到市场上销售，它们可以住在非常狭窄的空间，世代混合养殖，而且被屠宰后都可以做成多种菜肴。狮子、老虎、狼和鬣狗并未被选为家畜是有理由的。我们很难想象在一个宁静的围栏内挤满了几百头狮子，但更难想象的是为了让狮子保持高热量所需的高成本。

考虑到我们周围有数百万的植物和动物，因此为人类提供能量的大部分热量只来自极少的植物和动物。如果人类真想最有效地获取较少食物来养活大量的人，那么我们更应关注美味的微生物，而不是依赖养殖牛或从海里捕捞顶级食肉动物。吸收太阳能促进光合作用的微生物在数天内体积能翻一倍，同时能吸收二氧化碳且产生氧气。这些微生物是地球上大部分生物能量的基本来源。微生物为什么不能是人类的能量来源呢？当然，厨师们会觉得让微生物看起来美味可口颇具挑战性，但，牡蛎乍看之下也没那么吸引人，不是吗？

养殖食物链低层生物

人类现今在封闭的池塘和人工水池养殖几种蓝绿细菌，作为人和动物的食物，蓝绿细菌制成的产品可见于各种饮料和胶囊。当我在《国家地理》时曾远征加拉帕戈斯群岛，我了解到马泰克生物科技公司的早安咖啡是由大量的微小海洋生物制成的。该公司通过利用远离海洋的人工水池成功养殖了微小海洋生物，这些微小海洋生物可以产生ω-3脂肪酸DHA。含有ω-3的鱼油是一种很受欢迎的膳食补充剂，也可用于动物饲料和各种产品，但是想要获得鱼油就要捕杀大量的油鲱和其他多脂鱼。时任马泰克CEO的亨利·皮特·林泽特说：“鱼本身不生产DHA，鱼从浮游生物中获取DHA。于是，我们想，为什么不放过鱼，直接从浮游生物中提取DHA呢？”

养殖多种供人食用以及作为产品的海藻是一种水产养殖艺术，这在亚洲已经有数百年的发展史。海滨城市青岛有优质啤酒、海军基地和世界闻名的海洋生物研究室，1980年，我在青岛时去过该研究室

在马尔维纳斯群岛，海藻注定成为长鼻鸬鹚的巢

创始人之一曾呈奎[1]在附近的海带养殖场。曾呈奎是海藻专家，拥有密歇根大学博士学位。对我们当中的一些人而言，呈奎是一位英雄，因为在1943年，他是斯克里普斯海洋研究所的第一位潜水员。也有许多人非常尊重他，是因为他在海洋软体动物和海藻养殖方面的创新突破，其中包括在日本出售的海苔，也就是深受欢迎的红藻，不过在海藻专家看来海苔就是紫菜。

呈奎带领我进入一个大圆顶温室，温室里的海水汩汩流过一排排浅盘，浅盘里是数以千计的空文蛤壳。他解释说“紫菜就是从这里长出来的”。紫菜丝状体阶段产生的壳孢子就是紫菜种苗的主要孢子来源。这一阶段的种苗一点也不像市场上售卖的大家所熟悉的紫菜，在过去很多年它一直被归类为一种不同类的海藻。揭开紫菜生命周期的神秘面纱非常重要，因此，人们在东京立了一块纪念碑来纪念凯思琳·德鲁·贝克——一位解开紫菜生命之谜的英国科学家。

呈奎告诉我：“紫菜只是我们培养的海藻之一，大多数时候，我们的重点是培养海带。这种海湾中的昆布属植物是原产于日本的物种，但在这里它长得更快，而且我们也一直在做一些选择用于支持长得最快、质量最好的海带。”

有些海带能生吃或晒干再吃，但大部分海带都被加工成各种产品。沿着加州海岸生长的巨藻，在秘鲁、智利、南非等冷水域的相关品种以及某些肉质红藻都能产生凝胶状胶体，这些胶体会出现在数百种产品中，比如汤、调味汁、蛋黄酱、巧克力牛奶、冰激凌、奶酪、

1 曾呈奎（1909—2005），福建省厦门人，海洋生物学家，中国海藻学研究的奠基人，中国科学院院士。曾呈奎长期从事海洋植物学的教学和海藻学的研究，先后发现了百余个新种，两个新属，一个新科，为中国海藻志的编写提供了基本资料。——编者注

面包、水果糖浆、花色肉冻、布丁、糖果、牙膏、牙科印模材料、洗剂、涂料、塑料、胶带、贴花、航运集装箱、微生物学家用的培养架，这个产品名单很长且将变得越来越长。

1977年，在加州大学圣巴巴拉分校举办的第九届国际海藻学术研讨会上，另外一名海藻培养领域的杰出科学家迈克尔·钮舍指出：“是时候设计一种新的世界粮食和可再生能源的能源系统了……海洋植物作为能量收集器和营养集中器的潜力很值得探讨，因为这可能会对以太阳能为基础的粮食和能源生产系统做出巨大贡献。”在三十多年后的今天，我们已朝着这个目标有所迈进，但最后的成功还是要靠钮舍和一名来自加州理工学院的生物学家和工程师——维勒·诺斯。20世纪70年代，诺斯获得资助在洛杉矶近海建造了一个巨大伞状结构的水下海带养殖场。该养殖场从理论上来说运行得很好，但无法被证明适用于大规模的商业化生产。

借鉴历史

中国将继续领导淡水和海洋养殖，为全球贡献养殖性水生生物约一半的产量。现在，这些水产养殖场和其他地方的养殖场都已经把一万年的农业发展压缩到了几十年。

在早期农业中，人类“管理”野生动植物，保护、照顾自然物种甚至让其适度增多，例如为其提供食物或抑制天敌。保护产卵区或天然的牡蛎养殖场，或者只在某些季节捕杀海洋生物，这些都是较温和的水产养殖管理方法。

农业的第二个阶段建立在第一个阶段的基础上，但第二阶段因对环境和物种资源的控制而发展得更远。水产养殖中的例子包括给牡

马来西亚沙捞越州古晋市一带用封闭系统养殖的鱼

蛎提供人造养殖设备或者深水网箱养殖。沿海虾苗养殖场和牡蛎养殖场都属于水产养殖，三文鱼养殖场也属于水产养殖。鱼类生活的历史是可控的，但鱼类的生活环境是不可控的。这是真的，即使是最近在加勒比地区捕获了军曹鱼幼鱼的未来主义水下机动式电流网格球顶隔网，也无法控制鱼类的生活环境。养殖场无法控制海洋环境，食肉型军曹鱼也尚未成为养殖群体。在陆地系统对军曹鱼进行有效的水产养殖可以为数亿人提供食物之前，仍有很多零散问题尚待解决。

如果目标是服务相对较小的高端奢华市场，那么致力于养殖食肉动物是可行的；但如果目标是想得到大量食物，那么致力于植物和植食动物是可行的，且在陆地进行即可。考虑到这个问题，夏威夷科纳蓝色海洋农场的支持者正在寻求更好的食物，喂食所选的培养鱼类：夏威夷黄鳍短须石首鱼，市售名为科纳康帕琪。夏威夷黄鳍短须石首鱼原本的主要食物是来自秘鲁的凤尾鱼，但现在它们吃更多的大豆和更少的鱼。用养鸭和种桑树的池塘进行鲤鱼淡水养殖在此处也适用，其功能就像佛罗里达州萨拉索塔的莫特海洋实验室里的封闭式水产养殖系统。实验大棚有很多人工水池，这些人工水池的水反复环流是为了实现通过微生物“洗刷者”去除硝酸盐和磷酸盐，然后再把干净的水送返给鱼。实验室主任库马尔·马哈德说：“这里看起来就像是一个大的水族馆，公共水族馆的系统也用类似的方式实现水的反复环流，不断地把水过滤干净再送返。”

近年来，公共水族馆动物管理和用水管理的进步极大地推动了封闭式水产养殖的发展。为水族馆养热带鱼已成为一项大业务，这不只是为亚特兰大新佐治亚水族馆这样的大型设施，该水族馆数以千计的鱼当中有超过一半是通过封闭式供水系统养殖的。很多水族养殖业

封闭系统给水产养殖的成功带来希望

余爱好者不仅只在鱼缸里养几条鱼，他们已经有了大突破——养殖珊瑚、海星、小虾和螃蟹。但在以前，即使是骨灰级的水族养殖业余爱好者也不愿意养螃蟹。

克里斯·马克西是前美国海豹突击队队员，现为港岛中学校长，在巴哈马的伊柳塞拉岛，他鼓励学生通过社区服务学会自给自足。他在两个层面上对水产养殖进行实验。青少年学习潜水、驾驶快艇，还要照料近海一英里处捕捞军曹鱼的大渔网锚链，以免纠缠。军曹鱼是一种长得相当快的本地鱼，以颗粒状鱼饲料为食。在滨海校园里的树冠下是几个又大又圆的人工水池，其中一些水池里养殖淡水鱼罗非鱼，另外一些则用于栽培成簇的生菜。水中富含鱼的排泄物，硝化后产生的硝酸盐能滋养生菜，然后，经净化和氧化的水会以八字形再流回养鱼的水池，形成一个巨大的循环。

充满选择的世界

鉴于野生鱼类数量迅速减少，从以浮游生物为食的凤尾鱼和油鲱到食肉的鱿鱼和鲨鱼，捕鱼不再被视为一种养活当今世界的可行方法，更别说要养活人口不断增长的未来世界。2009年3月，海洋科学家杰里米·杰克逊在华盛顿特区的会议上如是说：“未来若想从海里获得大量蛋白质，水产养殖是一种途径。”但前提必须是正确的水产养殖。

根据联合国粮食和农业组织2000年的报告，全球有大约十亿人，即每七个人当中就有一个人依靠海中捕捞的鱼类作为体内蛋白质的主要来源。在北美，约10%的食用动物蛋白来自野生和养殖的鱼类，但在中国，该数据是22%。

以下为每磅单价（牡蛎除外），以美元为单位

黄鳍金枪鱼，越南	7.99
黄鳍金枪鱼，菲律宾	15.99
橙连鳍鲑，新西兰	9.99
鲈鱼，新西兰	19.99
鲶鱼，养殖，美国	5.99
鲶鱼鱼块，养殖，美国	1.99
罗非鱼，养殖，中国	5.99
得鲽，野生，美国	11.99
鲑鱼，养殖，美国	1.99
大西洋三文鱼，加拿大（美国加工的天然颜色）	6.99
大西洋三文鱼，人工着色	4.99
鱿鱼，台湾地区	5.99
贻贝，养殖，加拿大	2.99
牡蛎，太平洋，养殖	1.00/只
大扇贝，美国	9.99
虾，养殖，泰国	4.99
虾，养殖（原产地不明）	5.99
蓝蟹，野生，美国	12.99
红王蟹蟹腿，阿拉斯加	9.59
深海冰镇雪蟹脚	6.99
石蟹，养殖	7.99
白虾，美国	9.99
龙虾仁，加拿大	19.99
龙虾仁，巴西	27.99

当被捕捉的野生动物达到22%，这就意味着麻烦将出现，因为鱼类种群在锐减。根据目前的下降速度，到21世纪中叶，依靠海洋野生动物为主要蛋白质来源的人类将大大减少。从理论上讲，水产养殖可以填补日益减少的海洋野生动物带来的空白，尽管时间紧迫，但解决方案仍进展缓慢。

我家乡加利福尼亚州奥克兰市场上在售的海鲜表明，人们永远想不到问题已迫在眉睫。这个市场看起来就像鱼类联合国，每个摊位数十只野生和养殖的海洋动物在闪闪发光的冰堆上整齐排列着。

这真的很令人困惑。有些医生说："吃海鲜对身体很有益。海鲜富含优质蛋白质和宝贵的ω-3脂肪酸，尤其是金枪鱼、旗鱼、鲑鱼和鳕鱼。"另外一些医生却说："注意！金枪鱼、旗鱼、鲨鱼、鳕鱼、橙连鳍鲑、比目鱼、好吉鱼、鲈鱼都富含汞和其他有毒物质。孕妇要特别注意这个问题，不过吃海鲜对任何年龄人群的健康都不是很好。"

有些人建议："吃鲑鱼，但不要吃养殖的鲑鱼。养殖的鲑鱼价格较低，但都经人工着色，而且喂食的是抗生素。要吃就吃野生鲑鱼!"而一些具有动物保护意识的朋友劝我："你干什么都好，就是别吃野生鲑鱼。如果你想自己抓也行，但是旧金山、迈阿密、芝加哥、伦敦、巴黎、悉尼、东京以及其他渴望野生鲑鱼的地方已经供不应求了。总有些地方的鹰和熊不需要和纽约餐厅里的人类争夺晚餐。"

那么，人类该吃什么?

什么是明智的选择？所有海鲜都能安全食用吗？如果能，它们是什么?

很多国家的组织都提供了精心准备的海鲜指南，有些榜上有名的推荐主要根据受污染程度，另外一些推荐主要关注所捕食鱼类的三个因素：种群数量、副渔获物量和栖息地的破坏程度。如果未能达到上述任一因素的标准，那么该物种会被归类为“危险——勿买”的范畴。只要经过整个野生海鲜柜台，我就很容易知道这些动物活着的重要性，它们贡献自己的力量来维持所有生物赖以生存的地球系统；由于人类的胃口是个无底洞，所以我明白这些海鲜的未来岌岌可危。我想我能帮助它们增加生存的机会，同时这也是在帮助人类，办法是——选择不吃海鲜。正如美国野生救援协会会长皮特·奈特针对老虎、大象、犀牛、鲨鱼和其他濒危野生动物所说的：“没有购买，就没有杀戮！”

各种海鲜指南通常会基于消费者安全以及对环境的影响对养殖鱼类进行排名。但是现在真的很难判断动物的养殖地点、养殖方式、被储藏了多久以及是否沉积了你不想摄入的东西。然而大部分指南没有说明鱼类是吃植物还是吃肉，也没说明这些鱼可能的寿命。这些信息之所以重要的原因有两个：第一，处于食物链中的位置越高、越老的鱼体内所含的污染物越多，比如金枪鱼、鲨鱼、旗鱼、大比目鱼。事实上，水产柜台里的大部分鱼类都属于这一类；第二，在重量相同的情况下，食用一条十岁大的食鱼的金枪鱼比食用一条一岁大的食植物的鲶鱼所耗费的生态系统投资更大。想吃食物链底端污染物含量较少的动物的人最好选择养殖的鲶鱼、罗非鱼、鲤鱼和某些软体动物，但即便如此，养殖地和养殖方式也对这些鱼有影响。

那么各种新鲜或冷冻、去皮或完整，以及小、中、大型的虾又是什么情况呢？自从20世纪50年代第一次登上虾拖网渔船后，我就不再吃虾了。在渔船上我看到了所有人在热门电影《阿甘正传》中都能看到的画面：大渔网被吊上船，拖网的一端打开了，砰！大量死掉和垂死挣扎的动物撒落在甲板上：小鲑鱼、小鲽鱼、鳟鱼、鳐鱼、海

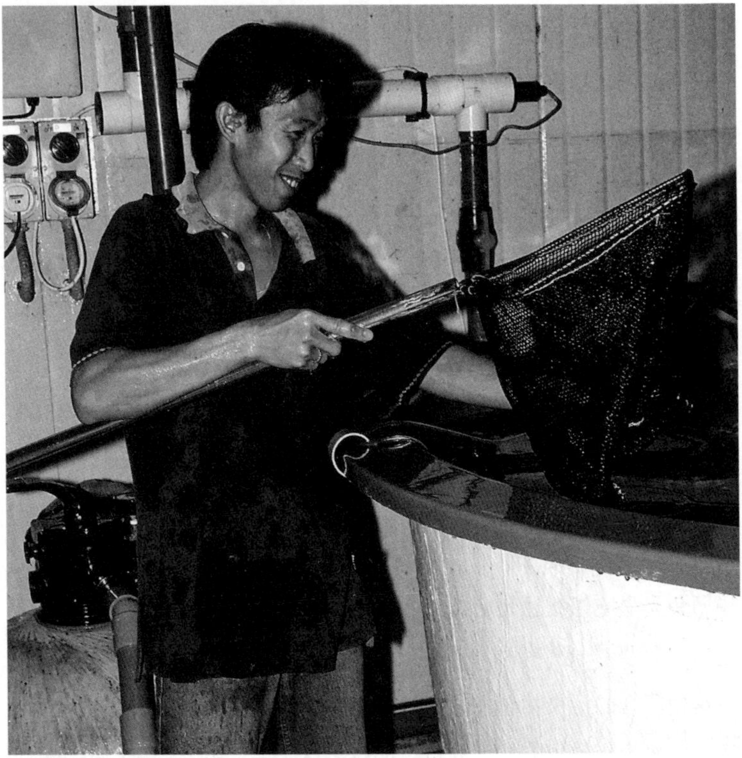

在人工水池里养鱼比在宽阔的海域养殖更有优势

胆、海星、海绵、海鞭珊瑚虾、螃蟹。一团受折磨的动物像希罗尼穆斯·博斯画作中的场景一样，它们扭动着，到处都是蹦跳的虾，它们本能地竭尽全力试图回到大海的怀抱。

因为我看到了虾被送上餐桌的过程，所以我再也不忍直视餐盘上的虾。蒙特雷湾水族馆曾经办过一场名为“探索捕鱼方案”的展览，其中有件展品是六只看似美味的对虾被巧妙地覆在水晶杯上，拱在水晶杯上方的是副渔获物的灰暗画像：鱼类、海龟、海星和其他在捕这六只对虾时被杀死的生物，这些副渔获物也是烹制鲜虾盅的实际成本。

探险家和生态旅游先驱斯文·林德布拉德已经决定不在七艘船上供应虾，他用这七艘船带游客到地球上的荒野和美丽之境。有许多客人期待，还有一些客人要求菜单上有海鲜。林德布拉德提供了几样海鲜选择，但没有虾，他解释了为什么没虾。为什么没野捕虾？因为野捕带来太多问题了，这些问题包括副渔获物、栖息地破坏和过度捕捞。为什么没养殖虾？因为养殖的虾质量不一致，大批量购买时很难判断虾的来源，而且大部分养殖虾牵涉到沿海红树林、湿地、珊瑚礁以及其他非常重要的沿海生态系统的大规模损失。直到目前的问题都解决了，但总还有阿甘说的巧克力——你永远不知道还有什么待解决的问题。

那么，贻贝、三文鱼、鲶鱼、罗非鱼、鲤鱼和石蟹呢？

首先从石蟹说起。很难想象这些美味的肉食动物能被养殖。把任何种类的螃蟹从蟹卵养殖到成年蟹都是一个复杂的过程，在长成成年蟹之前，螃蟹的各个微观浮游阶段都需要特别的食物。捕捞并关住幼蟹，然后把它们养到足以拿去市场上卖的大小称不上是养殖，那些以此方法而“肥”到可以出售的螃蟹、金枪鱼或龙虾也称不上是养殖。野生石蟹与一般的养殖场螃蟹不同，养殖场的螃蟹养一年就能够拿到市场上卖，但是野生石蟹从蟹卵到成年蟹大约需要3~4年的时间。一些大型鱼类也有类似情况：关住并饲养幼小的蓝鳍金枪鱼意味着严重干扰这些被大量捕捞的动物恢复正常的机会。只有当金枪鱼的价格足够高，高到令投资有所获益时，这种饲养方法才是可行的。

那贻贝、牡蛎和蛤呢？如果你知道这些动物的来源，知道这些滤食性软体动物在哪里获取食物（这些会成为你体内的一部分）之后还想吃它们，那好吧，您请随意。这些软体动物是地球上最高效的滤食动物之一，每只软体动物每小时能吸入超过一加仑的水并提取水中的浮游生物和其他物质。紫贻贝的卵需要花费3~4年的时间吸取足够的浮游生物才长成可出售的大小。在西班牙较暖、较多浮游生物的水域，紫贻贝只需两年左右的时间就能长成可出售的大小。大多数可食用的牡蛎生长都较慢，水温和食物供应是其生长的关键因素。与此相反，市售的鸡很少有大于一岁的。

但情况是这样的：虽然它们被称为养殖的贻贝和牡蛎，但海上养殖者依靠的是野生浮游生物——免费食物——喂养“海洋作物”。海上养殖者有时会支付租赁费，但他们对“养殖场”所占用的海域无所有权。“养殖场”的海域一般是公用的，但有一定的进入限制。有些野生动物也会被限制进入公共海域，人类通常会用网架、木桩、箱子和缰绳围住该海域不让野生动物进来。“免费食物”也是个相关术语。被软体动物摄入的东西最终将回到生态系统中固定并保持它们的碳循环、氮循环等等。被卖到海外市场时，养殖的贻贝、蛤、牡蛎会把这些碳氮元素也一并带走。

鲑鱼养殖者也必须为鲑鱼提供食物，这通常意味着捕获野生鱼、磨碎野生鱼并把它们制成颗粒鱼饲料。在西雅图的国际水产养殖大会上，我问一个大会发言人鲑鱼吃什么，他回答：“是这样的，我们捕捞那些对人类不具任何意义的鱼类，比如秘鲁和智利的凤尾鱼，有时捕油鲱或那些没人吃的小鱼，是为了用这些鱼喂鲑鱼。”他还说养殖1磅的鲑鱼需要4磅或5磅的野生鱼类，但那些用于喂食鲑鱼的鱼类投资不算在内。

虽然鲑鱼自1960年以来越来越受欢迎，但仍有许多原因使鲑鱼养殖备受争议。拥挤的鲑鱼会引发疾病，疾病会导致大量使用抗生素和化学威慑物质。有时候，逃跑的养殖鲑鱼会引起额外的担忧，比如担忧鲑鱼可能会和天然种群杂交繁殖并取代天然种群，还可能传播疾病。其他动物也会受到影响，比如鸟类、海狮、海豹和海豚都因被视为“害虫”而在鲑鱼养殖场附近“受到控制”。

可持续水产养殖

虽然有烦恼和忧虑，但毫无疑问我们还是要推广水产养殖。美国已制定并颁布新的法律，鼓励将州水域、联邦水域以及其他地方用于开放式海洋水产养殖业。与此同时，美国也在开发新技术支持这些举措。水产养殖的本质是各种各样的比赛，目的是为了看看在数十年内新技术、新政策、新见解加上世纪之交吸取的教训是否能培养出一些合适的物种作为食物来源。实际上，我们需要从海里提取食物，但无须真的从海里捕捞更多的野生动物。

极为重要的是在海里开发封闭式养殖系统的任务，也就是开发一个一切都能循环的系统，水循环也包括在内。2004年，在澳大利亚召开的鱼类、水产养殖和食物安全大会上，我提出了几条至今仍然适用的建议：

· 建议在未来十年，管理专属经济区（国家对海洋区有专属管辖权）和公海（国际水域）的政策要着眼于长期的可持续发展，而不是短期内的快速开发。

· 建议从不可持续性捕鱼的有害渔业补贴年费中（目前超过340亿美元）取出一小部分，并使用这些资源为渔民提供其他选择。

· 建议将另一小部分有害补贴年费投入到恢复被破坏性捕捞行为损害的物种多样性和生态系统中去。

· 建议将现在投资于农业的十分之一资源应用到水产养殖业。

· 建议认真地研究水生生物这个伟大的图书馆以确定一些适宜养殖的种类，同时了解所有动物对于维持一个能让人类继续存活的健康地球的重要性。

· 建议从一万年农业史的成败中吸取经验教训，并致力于开发一系列可养殖的水生生物，这些生物包括以下特征：

◇处于食物链底端

◇长得快

◇抗病

◇美味又营养，富含油或其他物质

◇有合适的生命周期

◇耐拥挤

高效地将太阳光转换成植物能量，或将植物能量转换成蛋白质

· 建议更专注于将封闭系统培养的细菌、酵母菌和某些微藻类和大藻类作为人类和人类所养殖动物的食物来源，微小的生物应具有上述特征和高产量。

· 建议关注水资源问题，包括陆地水和海洋水，意识到在开放式牧场养殖奶牛需要大量的水，在开阔的海洋养殖场养鲑鱼也是如此。养殖蓝鳍金枪鱼真的需要一整片海洋的水。

· 建议算清开放式养殖系统或半封闭养殖系统所需的实际用水量，把它和封闭式养殖系统的循环水做比较，并将其成本列入资产负债表。

· 建议确定发展水产养殖和农业的重点——让每一滴水能够养殖更多东西。

假设上述建议不被采纳。

不妨想象一下像往常一样养殖的成本吧！

保护海洋

⓫

地球即海洋栖息地。

——南希·福斯特

（摘自1990年美国国家海洋和大气管理局会议发言）

2002年8月30日那晚是我记忆中最火热最开心的时光——那是我第二次在潜水器内庆生。几年前，我坐在透明亚克力圆顶室的观察员位置上，透过“强森海洋链一号”（*Johnson Sea-Link I*）载人潜水器看到潜水器的设计者埃德温·A. 林克在调整“强森海洋链二号”（*Johnson Sea-Link II*）的操作器机械，他从海绵中采了一些分枝，然后把它们当作是巴哈马样式的生日花束放到我的汇流槽上。

现在我独自一人坐在“深海漫游者号”潜水器透明球内，感觉到达海底后几分钟内温度持续上升到38℃（100℉）以上。潜水器外的温度是温和的27℃（80℉），但5英寸厚的亚力克保留了我身体和潜水器仪器产生的温度。这对于潜入深海而言是件好事，因为即使在热带深海，那里的温度也可能接近冰点；而我的目标只是墨西哥大都市韦拉克鲁斯近岸位于墨西哥湾海下三十多米（100英尺）的珊瑚礁。我发现一个开阔的多沙空地，其左右两边是巨星珊瑚丘和珊瑚柱，我在那里待了11个小时，从黄昏忙到黎明。

在墨西哥最繁忙、工业化程度最高、有50多万居民的港口似乎不太可能清楚地看到珊瑚礁。但约翰·韦斯·滕内尔——一位又高又瘦的得州生态学家——慎重地选择了圣地亚基略暗礁作为潜水地点。三十多年来，滕内尔已和班上众多学生一起潜入墨西哥湾西岸的暗礁。珊瑚、海绵、数目惊人的鱼类和无脊椎动物构成了各种水下城市，在这些水下城市甚至连建筑物也是活的。

数年前，该地区尚未被指定为墨西哥海岸沿岸保护区的一部分，那时我在海底的留宿处条件比墨西哥湾和加勒比海大部分近岸酒店还要好。留宿处的窗帘是从暗礁游过的银色鱼群，它们环绕在潜水器周围，随后便游回暗礁去享用被潜水器灯光吸引来的浮游生物群了。一只黑白点的海鳗游过来看了一眼，走了，随后一整晚游过来又游走再游来又游走……数量明显减少的是龙虾、石斑鱼和鲨鱼，这些动物都是健康暗礁系统的重要组成部分。尽管已受保护，但韦拉克鲁斯尚未从多年的过度捕捞压力以及抑制正常恢复力的其他影响中恢复过来。

与此同时，海面上，我的女儿、盖尔·米德——潜水器引航员和该项目数据管理者、哈特研究所的科学家们，以及墨西哥海军考察船“安海仕号”（*Antares*）上的许多军校学员都保持清醒的状态在听我的热情报道，并同暗礁下的我进行实况交流。退休的墨西哥海军上将阿尔贝托·M. 伍兹奎兹·德·拉·塞尔达也是海洋学家，他和我是同一天生日，他迫切地想知道珊瑚是否在产卵。因为前一天晚上，我们当中有些人在几英里外的暗礁第一次看到珊瑚在墨西哥湾西部释放金黄色的卵子和激流般的精子。“不，今晚没看到卵子。”我汇报道。我们看到壮观涌现的生命，对于受风暴摧残和受到其他影响的珊瑚来说，生命延续至关重要。现在，这些受精卵就在珊瑚母体几英里外的浮游生物中漂浮着，此类珊瑚的生长繁殖周期为一年。

2002年，韦拉克鲁斯的探索标志着来自两个国家的个人、机构、企业以及政府的非比寻常的合作。此次合作致力于探索、记录并最终保护健康的海洋区域，恢复已退化的海洋区域。这个项目为我提供了一个模型，让我知道如何克服保护海洋的复杂问题，哪怕要保护的地区很小。

位于科珀斯克里斯蒂的得克萨斯农工大学哈特研究所联合美国国家海洋和大气管理局、国家地理学会和墨西哥的同事——特别是海军上将巴斯克斯——解决了在墨西哥水域探索的复杂性带来的问题。哈特研究所的主要捐助者爱德华·H. 哈特鼓励我们要坚持到底。爱德华·H. 哈特是一位来自得州的先锋商人和生态环境保护者，他和自己的兄弟休斯顿·哈特把罗斯罗西山山脚下的66 000 英亩的牧场捐赠给了大本德国家公园，他还为建立野马岛州立公园和帕德里岛国家海滨起了关键作用，上述事迹只是他在得州和其他地方对保护自然区做的显著贡献的一部分。

在陆地建立公园并对其进行保护已经极具挑战性，在海洋中做类似的事情需要更多的巧思和耐心。

两个了不起的想法

1872年是人类与陆地和海洋关系史上重要的一年。在陆地上，美国国会将怀俄明州和蒙大拿州交界处的黄石地区指定为“为了人民的利益批准成为公园及公共娱乐场所”。黄石国家公园是世界上第一个国家公园，随后才有了其他国家公园。有些国家公园，比如美国加州红杉国家公园、约塞米蒂国家公园、瑞尼尔山国家公园、冰川国家公园、克雷特湖国家公园，是因为其自然特性而受保护。另外一些国家公园，像是科罗拉多州弗德台地国家公园壮观的崖居,主要作为国家历史和文化遗产而受到保护。截至1916年，14个国家公园和21个国家古迹形成了国家公园系统的基础，有些人认为这一系统是“美国最了不起的设想”。

在海洋方面，1872年英国海洋调查船“挑战者号”所进行的为期四年的全球大洋调查建立了海洋学的科学地位，并永远改变了人类对海洋的态度。1972年美国国会通过立法，授权建立了第一个相当于国家公园的海下项目——国家海洋保护区，旨在为海底自然、历史和文化价值提供安全保护措施。这是美国另一个了不起的设想。

尽管人类需要空间生活、耕种、建设城市，或者做一些让人类社会繁荣的事情，但今天的孩子和明天的孩子还是能穿梭在存在了数百年的红木森林中，这些树的变化只是高了点、壮了点。孩子们可以从大峡谷边缘往下望，他们看不到霓虹灯，但可以看到有水牛出没的黄石公园间歇泉和沸腾的温泉。目前美国国家公园管理局有近400处具有自然、历史和文化意义的地点，从全球来看，美国已指定的数千处陆地保护区所占比例约为13%。现在，14个国家海洋保护区和一些国家海洋纪念碑已涵盖了超过88.1万平方千米（34万平方英里）的美国海域，全球已指定近5 000处的海洋保护区。这听起来好像很多，但实际上人类所见的海洋连其总面积的1%都不到。当然，这并不意味着还有99%以上的海洋可用于环境的非完全友好型用途。

只有少数体质极好的人到过偏远的公园、保护区和海底遗址，且

如巨大蝴蝶般的金鳐聚集在加拉帕戈斯群岛

他们通常要照顾自己；而另外一些公园、保护区、海底遗址，尤其是靠近市区的地点，必须谨慎保卫才能够迎合众多赞赏者的喜爱。很少有人到过所有的保护区，很多人也没有亲自踏进陆地保护区或潜入海底保护区，但世界上所有人都受益于保护区的存在。这些保护区有以下优点：是生物多样性储存库，是数量剧减和濒临灭绝物种的天堂，是面对气候、天气和地球化学迅速变化时至关重要恢复力的来源。

美国和大多数海岸线国家一样，在领海基线量起的322千米（200英里）专属经济区享有管辖权。在海底，有另一个被水充盈的美国，而且面积比涨潮高线上为人熟悉的美国大陆还大。美国水域蕴藏大部分未开发且未受保护的宝藏：高峰、低谷、峡谷和平原，包括沿海珊珊瑚礁、海草场、海带森林以及海洋最深处独一无二的高压环境。

20世纪70年代，澳大利亚的大堡礁海洋公园管理局通过将2 414千米（1 500英里）长的广阔珊瑚礁进行系统分区以用于各种用途，其中包括3%的区域受限捕鱼。1975年，美国第一个国家海洋保护区是沉没的战舰“莫尼特号”（*Monitor*）遗骸周围一个指定的小区域，就在北卡罗来纳州附近海域六十多米（200英尺）处。同年，基拉戈珊瑚礁的一个小区域也成了国家保护区，该保护区于1990年扩大到覆盖佛罗里达礁岛群周围7 250平方千米（2 800平方英里）的大部分区域。现在数以千计的海洋保护区大多在沿海水域。有些海洋和保护区面积很大，比如面积达363 000平方千米（14万平方英里）的西北夏威夷群岛国家海洋保护区（2007年改名为帕帕哈瑙莫夸基亚国家海洋保护区）和岛国基里巴斯指定的面积达388 000平方千米（15万平方英里）的海洋保护区。但是，大部分海洋保护区面积都很小，有的不到1平方千米。世界上的海洋保护区只占我们肉眼可见的1%的海洋面积的0.8%。

可持续性海洋探险活动

1997年，我接到一通杜安·西尔弗斯坦打来的重要电话。那时西尔弗斯坦是戈德曼夫妇基金的执行理事，他告诉我该基金会有意支持一个覆盖探索、研究、保护和教育的项目。问我有没有兴趣提议一个项目。我当然有！

那时我刚被委任美国国家地理学会的驻会探险家，这个项目得到了该学会的全力支持。国家地理学会、戈德曼夫妇基金以及国家海洋和大气管理局准备启动一项为期5年的项目——可持续性海洋探险活动。他们拟定了一项合作协议，该项目致力于探索国家海洋保护区系统。国家海洋和大气管理局退役的上尉及海洋自然保护区项目的前负责人弗朗西丝卡·加娃同意帮助组织并执行计划。巧的是，我的老朋友菲尔·纽顿正在为新的单人潜水器“深海工作者号”进行最后的润色。“深海工作者号”是一种小巧的观察型载人潜水器，能够载任何人到达海下610米（2 000英尺）深的地方。这个潜水器似乎是完美的选择，可用于探索并记录先前无法到达的海洋保护区，而且可能会搜索出新增的海洋保护区地点。

一百多个机构参与了该项目，包括向公司提供科研人员和设备的大学，以下是参与其中的部分单位：国际海洋工程公司、科尔-麦吉公司、奥瑞克斯能源公司、美国海环公司、深海探险及研究事务所（多尔海洋工程公司）。美国国家海洋和大气管理局的领队者是南希·福斯特，南希那时是美国国家海洋局的负责人，该小组主要负责海洋保护区计划以及项目中船只的分配。项目的顺利进行需要平衡混乱中的数千元素，福斯特运用冷静的领导力在第一年组织人员的过程中解决了一个又一个障碍：把科学家培养成潜水器引航员；让美国国家海洋和大气管理局有史以来第一次愿意用他们的船只部署潜艇；解决了政府与非营利性行业之间合作的关系问题，两者之间此前一直存在着各自坚持的分歧。但在一场悲剧中，海洋失去了我们共同的挚友和捍卫者。2000年，福斯特博士因癌症去世，当时可持续性海洋探险活动正步入正轨。

当时美国沿海水域保护区面积近4 7000平方千米（18 000平方英里），从面积13 000平方千米的蒙特雷海湾国家海洋保护区（5 000平方英里）一直到墨西哥湾北部珊瑚礁一些小区域，比如花园海岸保护区以及美属萨摩亚群岛的法嘎特勒湾国家海洋保护区的更小的珊瑚礁。在蒙特雷湾水族馆研究中心提供的测试池中，在两架小型“深海工作者号”潜水器里进行为期两周的训练后，我们从加州蒙特雷开始探索。驾驶“深海工作者号”潜水器数分钟后，蒙特雷湾水族馆研究中心的主任玛西娅·麦特纳在试验池中已经能掌握急转弯这类有些难度的驾驶技巧了。在平静的试验池中，所有潜水器引航员最终都能掌握急转弯的技能。

在海里驾驶“深海工作者号”潜水器还是有点复杂，但在过去五年，100多个人都为小型单人载人潜水器“深海工作者号”以及较大的“深海漫游者号”潜水器的改进做出了或多或少的贡献。这些潜水器有时从码头或从位于卡城的得州农工大学的大型室内游泳池下水。海上的行动由四艘美国国家海洋和大气管理局船只、两艘美国海军军舰和墨西哥海军考察船“安海仕号”、两艘私人公司的船只、一艘佛罗里达州的调查船以及莫特海洋实验室的一艘船组成。此外，还有许多的海轮，包括数十艘载人的充气橡皮艇、豪华私人游艇以及潜水船。

美国国家海洋和大气管理局观察者更新的数据为海上的可持续性海洋探险活动提供了实时记录，在陆地上，一系列的“学生峰会”让老师和学生们有机会在多个港口向进行可持续性海洋探险活动的科学家们提问题，进出潜水器，并观看一些花了数千小时制作的高清晰影像资料。视频、数千张静态照片以及数百页记录和观察涌进海洋保护区数据库，提供了宝贵的基础信息，随着时间的推移，这些数据将有助于监测和评估海洋变化。

多少保护区才够？

国家公园的成立和管理不是为了最大限度地去增加野生鸟类、松鼠、熊和大型猫科动物的数量，让它们多到可以被任意捕杀再卖到市场上去。然而，奇怪的是，在海洋中建立保护区的依据往往是增加海洋动物内部的丰富性和多样性，并适时“溢出”到邻近区域，从而增加鱼类的捕捞机会。如果鱼类和其他海洋野生动物的价值仅仅是作为商品，那么上述依据作为管理策略而言情有可原；但如果人类能意识到鱼类和其他海洋野生动物作为“生命支持元素”的重要性，如果人类能优先考虑海洋健康和恢复力等这样一些重大问题，那么上述依据就是不可取的。

加拿大野鸭基金会多年来已成功加强对沼泽和其他主要栖息地（鸭子、鹅和其他“猎禽”的栖息地）的保护，人们猎杀这些栖息地中的动物主要是为了体会杀动物的乐趣，偶尔是为了把这些动物当晚餐。人类明白如果要让野鸭、鹅和其他目标猎物繁殖的数量足以狩猎，那么随时随地用任何手段任意捕杀动物肯定不现实。

但在保护而不破坏栖息地的同时从大量野生动物中捕杀少量动物，和现在海上发生的工业规模捕杀是完全不同的两件事。通过2006年4月乔治·W. 布什总统在白宫记者会晚宴上的谈话，我们可以看出这些事情似乎引起了他的兴趣。

海洋探险家尚-米谢·库斯托刚刚向约50位来宾展示了自己拍摄的影片《库雷岛之旅》（*Voyage to Kure*），这50位来宾受邀听取库斯托的演讲，该演讲的主题是要在夏威夷群岛建立一个新的海洋保护区。第一夫人劳拉·布什先前访问过该地区，而且她很关注在中途岛和其他偏远岛屿堆积的大量垃圾。十多年来，许多个人和组织已经收集数据并提出充分的理由加强对珊瑚礁和岛屿的保护，这些珊瑚礁和岛屿距离著名的人口密集的夏威夷主要岛屿1000英里。提出者包括海洋保护生物研究所、美国海洋保护协会、皮尤基金会以及其他许多组织。

影片结束后，众嘉宾被邀请到6人位圆桌享用自助晚餐。我到得有点迟，当我走进餐厅时，我的朋友琳达·格洛弗——同时也是今晚的嘉宾——已经入座。布什总统就坐在她旁边，总统的另一边坐着库斯托。国家海洋保护区基金会会长洛瑞·阿圭列斯及其丈夫移步加入了那一桌。我战战兢兢地走过去，在最后一个空位坐下。

在接下来的一个半小时里，我们谈到了海洋问题，涉及了能源利用、气候变化、海上的塑料碎片、捕捞活动以及保护西北夏威夷群岛的必要性。我在晚宴中说道："有渔民存在就必须要有鱼类，有鱼类存在就必须要有安全的生存环境。在陆地上，人们保护沼泽，给鸭子和鹅提供避风港好让它们做窝或养育后代。人类重视候鸟飞行路线，人类对何时捕杀鸟类和捕杀多少鸟类也有严格的限制。在海上，工业化捕鱼已经导致许多物种减少90%以上。鱼类的未来以及整个海洋的未来都是黯淡无光的，除非人类为海洋野生动物提供保护区，就像在陆地上为鸭子和鹅做的那样。"

布什总统并不知道除了一些特别的小区域外，美国的海洋保护区是允许商业性捕鱼和游钓的。他问："那为什么称为保护区呢？"洛瑞·阿圭列斯向他解释，指定区域是为了服务于多种用途，从娱乐到各种商业活动。

我们都强烈要求海洋需要有更大面积的"充分受保护"地区，一个"连鱼类都觉得安全的"地区。晚宴结束后，布什总统穿过晚宴大厅找到美国环境质量委员会主席詹姆斯·康纳顿，对他说："詹，落实一件事。充分保护西北夏威夷群岛。禁止捕鱼。"

六周后，我和库斯托、夏威夷的州长以及各界政要被邀请站在布什总统身旁，看着总统签署一份文件，文件不是要建立新的"保护区"，而是要建立帕帕哈瑙莫夸基亚国家海洋保护区，该保护区包括面积达362 000平方千米（14万平方英里）的海洋，在那里甚至连鱼都能安心游泳并繁殖。

帕帕哈瑙莫夸基亚国家海洋保护区明显增大了某种形式保护下的海洋面积，但这离1%的海洋面积还有很大差距。

到底应该保护多大的海洋面积才能够维持重要的生命支持功能，恢复并稳定严重枯竭的鱼类和其他海洋野生动物种群数量，从而应对不断增多的死亡地带、海洋酸化气候变化和大量污染?

1980年，世界自然保护联盟和世界自然基金会合作提出了《世界自然保护大纲》。虽然那时没提议特定的区域或数字，但是海洋保护区的规模应该足以实现以下目标：

- 维持基本的生态过程和生命支持系统功能
- 保留遗传多样性
- 确保物种和生态系统的可持续利用

二十年后，在2000年联合国千年首脑会议期间提出2010年的目标是：到2010年，由来自189个国家的147位元首签署的行动计划涵盖10%的海洋面积。2002年在约翰内斯堡召开的联合国环境与发展会议提出：到2012年，该目标将达到12%。

卡勒姆·罗伯茨是约克大学一名敏锐的保育生物学家，通过对恢复和稳定严重枯竭的大海所需的最小量进行学术分析，罗伯茨建议30%的海洋必须禁止捕捞。

虽然未具体规定保护面积大小，但令人鼓舞的是，2009年5月在万鸦老召开的世界海洋会议上，来自76个国家400多名顶尖的科学家签署了《万鸦老海洋宣言》，包括以下决议：

> 我们决定进一步建立并有效管理海洋保护区，其中包括具有代表性的弹性海洋保护区网络，根据国际法，比如《联合国海洋法公约》条款，并在科学的基础上，认识到海洋保护区对生态系统产品和生态系统服务、生物多样性、可持续性生计以及适应气候变化的重要性。

自2006年以来，美国已增加865 757平方千米（335 744平方英里）的太平洋海域作为国家保护区，在这些地方连鱼虾都是安全的。其他国家也采取了大胆的行动：加强对澳大利亚大堡礁的保护力度（保护面积占比从6%提高到33%），确保部分新西兰峡湾以及岛国基里巴斯超过38.8万平方千米（15万平方英里）的海域受保护。2009年5月，南非宣布增加南大洋爱德华太子岛周围原始海域作为新的海洋保护区，这真是一项令人振奋的举措。同年五月，印度尼西亚也将萨武海大部分海域设立为海洋保护公园。

尽管如此，在2009年，受保护的海洋总面积占比仍小于1%。

海洋自然保护区科学

格雷姆·凯莱赫是为数不多令我敬佩的海洋保护科学英雄之一，因为他当了25年的澳大利亚大堡礁海洋公园管理局主席，他的整个职业生涯都在为海洋保护区做贡献。凯莱赫曾帮助指导一个全球性倡议，旨在思考通过海洋保护区系统保持海洋健康所要做的事。他在全球海洋区域设立众多工作组，确定海洋保护区建设和改善管理的首要事项，其中特别强调生物多样性的保护。凯莱赫率先在一篇名为《海洋保护区全球代表系统》的文献中发表了针对该问题的关键评估，列出全球范围内的海洋保护区并推进构筑世界自然保护联盟海洋保护项目的基础。该项目现在的负责人是卡尔·格斯塔夫·伦丁，伦丁是一名有远见的生物学家，他现在仍献身于促进海洋科学和保护方面的国际合作当中。

世界保护区委员会是世界自然保护联盟辖下的6个委员会之一。该委员会有一个由英国杰出生物学家丹·拉佛雷带头的全球海洋项目，他下决心要看到关于“海洋保护区的有效管理和持久网络”的全球性代表系统的发展。通过精心打造的行动计划，他决心“扩大现有的覆盖面，取得更大成效，把现有的一切保留到未来。”

多年来，随着认识到保护重要地域的需求日益迫切，许多政府机构、众多个人以及各种保护组织已绞尽脑汁地与海洋保护背后的科学依据做斗争。使用的术语往往令人困惑，“保护地”和“保护区”只

在南大洋挑战地心引力的企鹅大军

能为野生动物提供很少的保护。最近的研究表明，在维持区域完整性方面“每一条鱼都很重要”。即使一些人提议相对良性地使用保护区来“休闲垂钓”，但这也会改变生态系统的一般特征。

由多学科沿海研究联盟出版的国际版《海洋自然保护区科学》将海洋自然保护区定义为“海域得到全面保护，禁止捕杀动物和植物的活动，防止改变栖息地，除非是科学活动的需要”。禁止的活动包括捕捞、水产养殖、挖泥和采矿，但非破坏性游泳、潜水、划船是被允许的。在对124个以上的温带和热带海洋保护区的研究中，记录的生物量和种群密度增多；而在一定的区域内，个体大小和物种多样性增多。虽然小面积的保护区也会形成很大的差异，但较大面积的自然保护区好处更多，其中包括：更多栖息地类型、更多物种多样性和更充分的安全保证以抵抗灾难——风暴和溢油。

海洋生物学家安瑞科·萨拉最近辞掉在斯克里普斯海洋研究所令人向往的终身职位，然后和国家地理协会一起发展重大海洋行动去追求自己的梦想——在一切还来得及之前确保海洋原始环境的保护行动。新英格兰水族馆全球海洋项目的负责人格雷格·斯通和萨拉有着相同的梦想，斯通正在全球范围内领导保护大型“海景”的项目。世界自然基金会、大自然保护协会和那些传统上强调陆地保护的组织也日益具有了“蓝色思维”。

不管海洋保护区的定义是什么，目前绝大多数的海洋保护区主要集中在近海并由有管辖权的州或国家确定。开阔海域之外的“公海”不属于任何人却又属于全人类。在历史的潮流中，由于难以接近，所以公海基本上处于未被破坏的状态，直到二战期间及二战后开发的技术令任何人——从工业渔民、矿工到打捞满载宝藏沉船的人——都可以为了获取资源到达那些海域。

世界自然保护联盟公海政策顾问克里斯蒂娜·基雅尔德正领导一个全球性团队评估和保护国家管辖范围外的重要地区。划定一些有助于稳定海洋生态系统的区域，但也需要总体政策来配合特定区域的指定。位于造成破坏名单前列“最具破坏性和最不应该做的事”的是使用小型拖网渔船或底拖网捕获海洋生物。过去十年间，深海保护联盟代表了来自69个国家的科学家——这些科学家一直以来都支持在公海海底设立保护区以禁用拖网这一提议——保证在海域被开发前有时间了解和评估这些地区。

创造希望的理由

了解是保护的关键，有了保护就有希望，就可能会促使人类主动采取积极的行动。即使了解不一定会带来保护，但如果不了解就一定不会有保护。2006年3月，在西班牙的一场会议上我有机会向“谷歌地球”致敬，因为用户们可以凭借电脑上的谷歌地球客户端软件，通过真实的图像了解整个地球，这是一种强大的传递知识的新方式。在15分钟关于海洋的演讲中，我告诉观众我很喜欢使用谷歌地球。我说：“我从高空开始，然后往下拉近去探索自家的后院，探索邻居的后院，查找咖啡厅和国家公园，我甚至飞越了美国大峡谷。”

谷歌地球项目总监约翰·汉克就坐在第一排准备发言。我感谢他设计了这一惊人的看世界的新方式，随后我脱口而出补充道：“约翰，你的设计很棒，但是你只完成了‘谷歌土球’，你打算什么时候把海洋也填上呢？”汉克不仅没有见怪，在结束演讲后他还邀请我参观了位于加州山景城的谷歌公司总部，让我说明谷歌地球项目遗漏了什么。我露出一个大大的微笑：“只是遗漏了蓝色海洋。”

最需要做的是要将海底可视化，即水深测量，以此显示海底山脉、山谷、广阔的平原和深海沟。美国海军在其位于密西西比州的军事机构有一个庞大的全球数据库，琳达·格洛弗负责安排那里的参观。琳达·格洛弗是一位业余地质学家，她已和海军海洋学者一起工作了数十年。在和海军、多尔海洋工程公司以及谷歌为期三年的合作中，我们从世界各地征募的30多位专家提供的建议帮助收集了翔实的资料。与此同时，琳达和我开始了我们的重大工作——整合信息并为国家地理学会《海洋：插画地图》撰写文稿。这是一本图文并茂的地图集，包括新的海底地图，其中包含可公开的最佳信息。随着新数据的获得，它们将以电子方式整合到谷歌地球当中，最终会成为海洋地图集的在线版本。

我告诉汉克:“我梦想人们能够潜进虚拟海洋。想象一下，通过谷歌地球能够触摸到海面上的小蓝点，能看到海底世界，见鲸鱼所见，还可以看到鲸鱼和其他动物的图像，要知道大多数人将永远无法亲眼看到这些动物。”

十多位谷歌人参与整合了多层数据，同史蒂芬·米勒和珍妮弗·奥斯汀·福克斯一起推动项目发展。终于，2009年2月2日，在旧金山的加州科学博物馆内，副总统艾伯特·戈尔、谷歌首席执行官埃里克·施密特、约翰·汉克和我发言，吉米·巴菲特唱歌，大家都笑了，谷歌地球完整了。

那周晚些时候，在加利尼亚州长滩的“技术、娱乐、设计大会”（TED）上，我有机会向观众阐述“一个改变世界的愿望”，而从事TED的工作者们会积极动员让我的愿望成真。自从去年10月，TED的运营者克里斯·安德森来电通知我获得了TED大奖，挂掉电话我一直很焦躁，但令我焦躁的不是愿望的内容。愿望事小，我焦躁的是如何在短短18分钟内令人信服地表达为什么世界是蓝色的，解释为什么在海里设海洋保护区网络是很重要的一件事，这不仅是为了鱼类和鲸鱼，也是为了我们自己，为了与我们亲密无间的所有幸存的生物，包括生命本身。

我将我列的海洋保护区名单称为“希望之海”，这个名单很长。有些海洋保护区的面积很大，比如整个北冰洋，以前人类从未触及北冰洋，但现在的北冰洋面对开发显得尤为脆弱；珊瑚海，是与大堡礁相邻的大部分原始海域；印度尼西亚附近的“珊瑚礁三角区”和深水海域；马尾藻海，是百慕大附近广阔的开放水域，那里住着漂浮的金棕色马尾藻，还住满了多种独特的生物；南大洋，尤其是罗斯海，尽管受到商业性捕鱼渐增的破坏，但罗斯海基本上仍完整无缺；加拉帕戈斯群岛的海洋和陆地皆被列入世界遗产名录，但该地区现在由于合法和非法的捕鱼活动，其受保护面积在减少。有些“希望之海”的面积很小，比如墨西哥湾北部的“地形高地”；普利脊礁，这是佛罗里达州那不勒斯西部水下240千米（150英里）一个古老的堡礁；或者是德雷克斯湾，这是加州最原始的港湾，现在是一个正在使用的牡蛎养殖场。并非所有的海洋保护区都是健康的，不健康的海洋保护区包括切萨皮克湾，保护此地的油鲱、螃蟹、牡蛎和其他野生动物可能会大大改善当地的环境。

在TED大会上，我提到全球行动计划和世界自然保护联盟，目的是保护生物多样性、减缓气候变化的影响并使地球从中恢复过来。在公海及沿海地区，一切被人类认定为关键地区的地方则需要新技术来绘制地图以勘测、摄制和探索95%的人类尚不了解的海洋。

以下是我的愿望：

我希望你们能动用一切可动用的资源——影片！探险！互联网！新式潜水艇！——来发动一场运动，点燃公众的热情，呼吁公众支持建立全球海洋保护区网络，建立足够大的“希望之海”来拯救和恢复海洋——地球的蓝色心脏。

要保护多大面积的海洋才够？有人说10%，有人说30%。其实，保护多少是由你们决定的。但不管怎样，海洋保护区只占地球整个海洋面积的1%肯定是不够的。

实际上，我在TED大会上说的愿望是这本书的简写版本：

纵观人类史，是这个近乎蓝色的地球在维系人类的生命。现在人类回馈地球的时刻到了。

致谢

首先感谢所有促成《深蓝SOS：我们和海洋在一起》出版的人。其次，尽管我已经尽最大努力，而且美国《国家地理》杂志出色的编辑团队已多次校对，但难免仍存在错误和纰漏，对此，我向各位读者表达深深的歉意！特别感谢芭芭拉·布劳内尔·格罗根，本书能够问世她的功劳最大；感谢尼娜·霍夫曼一如既往地鼓励我；感谢特里·加西亚和约翰·费伊，到目前为止，不管发生什么，他们一直都支持我。

我尽可能地在这本书中浓缩自己多年探险经验的精华，书中提及了这些经验对我人生的塑造。其中包括我的父母刘易斯·R. 厄尔和爱丽丝·里奇·厄尔教导我的伦理标准；还有我的兄弟们——刘易斯·S. 厄尔和伊万·C. 厄尔，他们和我一起度过了童年并将继续引导我的思想。感谢我的同事：伊丽莎白、伊恩·泰勒、摩根、里奇、塔玛拉、拉塞尔、凯文和盖尔，他们给予我写作灵感，还让我有令人惊叹的海面与海底经验可供分享。同时，感谢你们忍受我因写作需求对你们的善意忽视，我当然渴望同你们共度时光。

同时，我也要感谢我的“海洋大家庭”——在多年海洋探索经历中和我特别亲近以及一起梦想为保护海洋做贡献的同行：琼·门伯里、琳达·格洛弗、伊莱恩·哈里森、凯西·沙利文、莎丽·桑特·普卢默、埃伦·普拉格、罗伯特·威克兰德。我还要感谢一些人，不管他们是否意识到，但他们对探索自然世界和传播真相的坚持激励了我，他们是：哈罗德·J. 姆、凯瑟琳·鲍文、埃德娜·特努尔、雅克·库斯托、埃德温·A. 林克、彼得·斯科特爵士、大卫·艾登堡爵士、约翰·罗林斯爵士、罗杰·佩恩、卡尔·沙芬纳、简·卢布琴科、斯文·林德布拉德、蒂姆·凯利、克里斯·帕森斯、弗朗西丝卡·加娃、约翰·罗宾逊、布鲁斯·罗宾逊、伊迪丝·威德、约翰·克雷文、丽塔·科尔韦尔、韦斯·滕内尔、朱莉·帕卡德、玛西娅·麦特纳、杰克·丹杰蒙德先生 、约翰·汉克、杰克·埃伯特、罗兰·弗雷泽、艺术家怀兰。还有一些我从未见过的人：威廉·毕比、爱德华·埃尔斯伯格、托马斯·赫胥黎、利奥波德、洛伦·艾斯利以及数百位其他人——通过他们的作品我体会到和后代分享经验的重要性。感谢埃德·哈特和他美满的家庭，感谢罗伯特·福加森、韦斯·滕内尔以及整个哈特研究所团队，感谢他们的关怀和多年合作。最后，感谢和我一样把梦想寄托于深海探索基金会的同事们；感谢谷歌的工作人员，尤其是约翰·汉克、埃里克和温迪·施密特、迈克尔·T. 琼斯、史蒂夫·米勒、珍妮弗·奥斯汀·福克斯、丽贝卡·摩尔以及创始人拉里·佩奇和塞尔日·布林；还要感谢TED团队，尤其是克里斯·安德森和所有从事TED事业的人，感谢他们支持我的愿景，支持我们这本《深蓝SOS》。

TED演讲

一个改变世界的愿望
——2009年“技术、娱乐、设计大会”（TED）演讲

50年前我开始探索海洋，那时，甚至连雅克·贝汉、雅克·库斯托、蕾切尔·卡森在内的人们都认为：不管人类往海里扔什么，也不管人类从海里获取什么，都不会对大海造成任何伤害。那时，大海如一片伊甸园，但现在我们都明白，大海正从伊甸园变成失乐园。

在此，我想和大家分享我的个人见解，探讨影响人类的海洋变化，并和各位一起思考以下几个问题：地球在50年内失去了海洋里90%以上的大型鱼类，为什么这一变化至关重要？为什么要关心已消失近一半的珊瑚？为什么太平洋内大片海域神秘耗竭的氧气不仅和濒死的生物密切相关，也和你我息息相关？

我脑中常萦绕着雷·安德森（商人、生态环境保护者）在“明日的孩子”演讲中提出的问题：为什么在还来得及的时候我们袖手旁观，为什么我们不拯救鲨鱼、金枪鱼、乌贼、珊瑚礁和生机勃勃的海洋？

此刻，我呼吁大家伸出援手探索和保护海洋世界，恢复海洋健康！通过这种方式给人类的未来带来希望。海洋的健康意味着人类的

健康。我也希望吉尔·塔特（搜寻地外文明计划研究中心主任）在探索地外智慧生命的愿望中提到的“地球居民”也包括海豚、鲸鱼及其他海洋生物。对了，吉尔，我还希望未来某天我们会发现，地球的人类当中也是有智慧生命的。（我真这么说了吗？我想应该是的。）

对我来说，成为一名科学家始于1953年，那年我第一次潜水，第一次意识到鱼类绝不应只在柠檬片和黄油中游泳。说实话，我特别喜欢在夜晚潜入海洋深处，因为夜里能看到许多白天看不到的鱼类。20世纪70年代，当宇航员将脚印留在月球上时，不分昼夜一直潜水对我来说已是家常便饭，那时我带着一队潜水员在水下一待就是好几个星期。

在1979年，我获得了一次将自己的脚印留在海底的机会。那时我驾驶的是单人潜水器“吉姆”（*Jim*），我驾驶着它潜入距离夏威夷海岸9 656米（6英里）的海下381米（1 250英尺）处。潜水器“吉姆”是我最喜欢的潜水设备之一。自1979年起，我一共用过30种左右的潜水装备，我还创办了三家公司和一个叫作深度搜索的非营利性组织，全都是为了设计和制造能够探索深海的设备。我曾领导过一个为期五年的国家地理学会项目——可持续性海洋探险活动，那时我们用的是小型潜水器。这些小型潜水器操作起来相当简便，因此科学家自己就能操作，我自己就是一个鲜活的例子。

宇航员和潜水员都能真正体会到空气、食物、水、温度以及一切能保证人在太空和海洋里安然无恙生存的元素的重要性。我听过宇航员乔·艾伦解释自己是如何尽可能地学习和生命维持系统相关的一切，然后尽所能来照顾这个生命维持系统。之后他指着这个（地球）说：“这，就是生命维持系统。”我们需要学习有关地球的一切，并尽己所能保护地球。诗人W. H. 奥登说过：“没有爱，无数人仍可存活；没有水，无人能存活。”

海洋约占地球总水量的97%。没有蓝色，就没有绿色。如果你认为海洋不重要，那么请想象一下一个没有海洋的地球，你是不是想到了火星？没有海洋，就没有生命维持系统。不久前我在世界银行发表了一次演讲，我向观众展示了这张美丽的地球图片，我说："看！那就是世界银行！就是一切财富的基地。"但是人类一直大肆掠夺这些财富，而且掠夺速度远远超过自然系统恢复的速度。

蒂姆·沃斯（曾任联合国基金会主席）说，世界经济是环境的全资子公司。不管在地球哪个角落，人类喝的每一滴水，呼吸的每一口空气，都能将人类与大海联系起来。

大气层中的绝大多数氧气是海洋产生的。长久以来，海洋吸收并储存了地球上大部分有机碳，这一过程主要由微生物完成。海洋可以调节气候和天气、稳定温度、塑造地球的化学结构。来自海洋的水分会形成云，然后以雨、冰雹和雪的形式落回陆地和海洋。海洋是全球或许也是宇宙中约97%生物的家园。没有水会怎样？没有水，就没有生命。没有蓝色，就没有绿色。然而现在人类有这样一种想法：整个地球——包括海洋和天空在内——都如此宽广，恢复力如此强，因此人类的所作所为不会影响到地球。这种想法在一万年前或许没错，甚至在一千年前或许也没错。但最近100年（尤其是最近50年）人类已经耗费了太多赖以生存的生命资源——空气、水和野生动物。

新的技术正帮助我们认识自然的本质，理解正在发生的一切事情的本质，向我们展示我们给地球造成的影响。首先，我们要意识到问题的存在。幸运的是，在这个时代，我们对问题的了解比以往任何历史时期都多。有了了解，便有了保护；有了保护，便有了希望。我们希望能在人类赖以生存的自然系统中找到一个永久的住所。但在这之前，我们必须对现存的问题有所了解。

三年前，我遇到了谷歌地球项目总监约翰·汉克。我告诉他，我很喜欢使用谷歌地球，它能让我将世界握在手中以此间接对世界进行探索。但我问他：“谷歌地球非常棒，但还不是成品。你完成了陆地部分，那么海洋部分打算何时完成呢？”约翰接受了我的问题，也因此在那之后我和很多人，包括谷歌的员工、多尔海洋工程公司（一家海洋工程公司，原名为深海探险及研究事务所）、国家地理学会、全球数十个最好的机构和其中的科学家们以及我们招募来的工作人员一起有了一次愉快的合作。我们所有人共同努力把海洋加入了谷歌地球。就在上周一，2月2号（2009年），谷歌地球终于是个完整的作品了。

想想看，从我们所在的长滩会议中心开始，我们能找到这一带的水族馆，然后越过海岸线，我们可以看到这个大水族馆——太平洋以及加利福尼亚州的四个国家海洋保护区，还能看到新建的州立海洋保护区网络。这些保护区都是保护和恢复部分自然资源的开始。

我们可以掠过夏威夷，看到真正的夏威夷群岛。不仅能看到海洋表面的一小部分，还能看到海底世界，看到鲸鱼所看到的景象。我们还能探索夏威夷群岛的另一边，可以和座头鲸一起在海里遨游。座头鲸是温和的巨兽，我多次在海底和它们有过愉快的迎面相遇。被一头鲸鱼当面审视的感觉是世界上最美妙的事！

我们能加快速度飞向海底最深处——7英里以下的马里亚纳海沟。目前全世界只有两个人曾亲自到过马里亚纳海沟。想想看，只有7英里深，却只有两个人亲自到过，而且还是49年前的事。单程旅行总是比较容易的。我们需要新的深海潜水器。像谷歌月球X大奖赛那样，我们也来为海洋探险举办竞赛吧，你们觉得如何？我们需要去看看深海海沟，去看看海底山脉，去了解深海里的生物。

现在我们可以到达北极。就在十年前，我曾站在北极点的冰面上。但21世纪将可能出现一个没有冰的北冰洋，这对北极熊而言是个噩耗，对人类而言也是噩耗。过量的二氧化碳不仅会导致全球变暖，也会改变海洋的化学性质，使海洋酸度更大。这对珊瑚礁和产氧的浮游植物来说是个坏消息，对人类来说也是个坏消息。

我们正将亿万吨的塑料和其他垃圾倾倒进海洋，数百万吨丢弃的渔网和鱼钩会继续杀死海洋生物；我们正在使海洋变得堵塞，毒害地球的循环系统；我们正从地球上捕杀数百万的野生动物——所有动物都是以碳元素为基础的生命；我们正野蛮地杀死鲨鱼，只为了鱼翅汤。

食物链塑造了地球化学，推动了碳循环、氮循环、氧循环和水循环，这些都是人类生命支持系统。但令人难以置信的是我们还在捕杀蓝鳍金枪鱼，事实上，蓝鳍金枪鱼已濒临灭绝，而且活金枪鱼的价值远比死金枪鱼高。

以上片段只是生命支持系统的一部分。我们用长线捕鱼，线上每隔数英尺就有带饵的鱼钩，可以吸引50英里及以外的鱼类。商业拖网渔船和小型拖网渔船像推土机一样刮蚀着海底，刮走所经之处的一切。用谷歌地球，我们可以目睹拖网渔船在中国、在北海[1]、在墨西哥湾的捕捞行为。用拖网渔船捕捞海洋生物正在动摇我们的生命支持系统，在其所经之处留下无数尸体。

下一次当你享用寿司、生鱼片、旗鱼排、鲜虾盅或任一种你碰巧在吃的海洋野生动物时，想一下其背后真正的代价。因为每一磅流向市场的渔获，就有十多磅甚至一百多磅的副渔获物被扔掉。出现这种

1　指大西洋位于欧洲大陆和不列颠岛海岸之间的部分。——编者注

现象的原因是：我们不知道大海的资源是有限的。想象一下，在我出生至今几十年内，海洋中90%的大型鱼类已被捕杀，大部分的海龟、鲨鱼、金枪鱼和鲸鱼的数量在不断下降。但还是有好消息的：10%的大型鱼类仍活着，地球上还有些蓝鲸，南极也还有一些磷虾，切萨皮克湾还有少量牡蛎。一半的珊瑚礁也处于良好的状态，这些珊瑚礁就像珠宝带那样环绕着地球中部。

现在，我们还有些时间能扭转局面。但如果一切照旧，那么这就意味着50年以后地球可能不再有珊瑚礁，也不会再有渔业，因为鱼类已被捕完。想象一下没有鱼类的海洋，想象一下这对生命维持系统意味着什么。陆地自然系统也存在很严重的问题，但那些问题都比较明显，而且人类也采取了若干措施来保护树木、水域和野生动植物。

1872年，美国开始建立一个公园系统，其中以黄石国家公园为代表。有人认为这一系统是美国有史以来最了不起的一个设想。现在，世界上约12%的陆地都得到了保护——保护生物多样性、提供碳汇、产生氧气并保护水域。

1972年，美国开始在海里建立类似的保护系统，即国家海洋保护区。这是另一个了不起的设想。好消息是，现在全世界有4 000多个海洋保护区，我们可以在谷歌地球上找到它们；坏消息是，要很仔细才能找到这些地方。举个例子，美国在过去三年里已将34万平方英里的海洋划为国家海洋保护区。但从全球意义来说，美国仅将1%的海洋面积中受保护的海洋区域从0.6%提高到0.8%。

保护区的确会恢复，但50岁的岩鱼或鮟鱇、鲨鱼或鲈鱼、200岁的橙连鳍鲑需要很长的时间，数量才能恢复。人类不会吃200岁的牛或鸡。保护区带来了希望，希望E. O. 威尔逊（生物学家）梦想中的生物——不管是来自生物百科全书还是来自海洋生物普查——都能活着，而不仅仅只是以一份名单、一张照片或一条新闻报道的形式存在。

我和全世界的科学家一直都在关注99%的海洋，那里至今仍允许捕鱼、开采、钻探和倾倒垃圾等活动。我们试图从中找到“希望之海”，试图找到一些方法，为海洋生物也为人类，提供一个安全的未来。比如北极地区，现在，我们还有机会来补救一切。再比如南极地区，那里的大陆受到了保护，但周围海洋里的磷虾、鲸鱼和鱼类正在被过度捕捞。

马尾藻海300万平方英里的“漂浮森林”正被捞取用于养牛；加拉帕戈斯群岛97%的陆地受到了保护，但其周围的海域正在被渔业毁坏；阿根廷的情况也是如此，巴塔哥尼亚大陆架现在处境堪忧。实际上，在公海里，鲸鱼、金枪鱼和海豚正遨游其中；在地球上面积最大、受到保护最少的生态系统里，充满了发着光的生物，它们在平均两英里深度的黑暗空间中，用自己生命之光点亮了海洋。

海洋中还有一些我打小就知道的、未受破坏的原始地区。接下来的十年或许是未来一万年中最为重要的一段时期，这十年将可能是人类最好的机会，保护其赖以生存的残存的自然系统。为了应对气候变化，我们需要新的能源产生方式；我们需要更好的方法来应对贫穷、战争和疾病；我们还要做很多事情来保护世界，使世界成为更美好的家园。但是，如果没有保护好海洋，那么这一切便不具意义。人类的命运和海洋息息相关。就像前副总统阿尔·戈尔曾为保护大气环境做出努力那样，我们也要为保护海洋做出贡献！

全球行动计划和世界自然保护联盟正在保护生物多样性、减缓气候变化的影响，并使地球从中恢复过来。而在公海及沿海地区，一切被人类认定为关键地区的地方，则需要新技术来绘制地图、拍摄和探索人类尚不了解的95%的海洋。生物多样性为地球提供了稳定和恢复的能力。我们需要深海潜水器以及探索海洋的新技术。或许我们需要一次探险，在海洋里开TED大会，以此来解决下一步该怎么走。

我想，你们应该很想知道我的愿望：

> 我希望你们能动用一切可动用的资源——影片！探险！互联网！新式潜水艇！——来发动一场运动，点燃公众的热情，呼吁公众支持建立全球海洋保护区网络，建立足够大的“希望之海”来拯救和恢复海洋——地球的蓝色心脏。

要保护多大面积的海洋才够？有人说10%，有人说30%。其实，保护多少是由你们决定的。但不管怎样，海洋保护区只占地球整个海洋面积的1%肯定是不够的。

我的愿望是非常宏大的。而一旦实现，那么世界将为之改变。而且这个愿望还可以确保我最喜爱的物种——人类——继续生存。

为了今日的孩子，为了明日的孩子，把握时机，行动在当下！

海洋保护区

来源：国家海洋保护区系统特许会员（2009年4月）
美国海洋保护区 http://mpa.gov/national_system/nationalsystem_list.html

保护区名称	州	政府	管理机构
埃迪斯托河、康贝河和阿什波河盆地国家野生动物保护区	南卡罗来纳州	联邦政府	美国鱼类及野生动物管理局
海军总部海洋保护区	华盛顿州	州政府	华盛顿州鱼类及野生动物管理局
阿希希基瑙自然保护区	夏威夷州	州政府	夏威夷州国土资源部
阿拉斯加国家海洋野生动物保护区	阿拉斯加州	联邦政府	美国鱼类及野生动物管理局
鳄鱼河国家野生动物保护区	北卡罗来纳州	联邦政府	美国鱼类及野生动物管理局
阿纳瓦克国家野生动物保护区	得克萨斯州	联邦政府	美国鱼类及野生动物管理局
阿诺努耶佛重要生物领域州立水质保护区	加利福尼亚州	州政府	加利福尼亚州水资源控制委员会
阿诺努耶佛州立海洋保护区	加利福尼亚州	州政府	加利福尼亚州渔猎部
阿兰萨斯国家野生动物保护区	得克萨斯州	联邦政府	美国鱼类及野生动物管理局
北极国家野生动物保护区	阿拉斯加州	州政府	美国鱼类及野生动物管理局
阿盖尔潟湖圣胡安岛海洋保护区	华盛顿州	州政府	华盛顿州鱼类及野生动物管理局
阿西罗马州立海洋保护区	加利福尼亚州	州政府	加利福尼亚州渔猎部
阿萨提格国家海岸	弗吉尼亚州&马里兰州	联邦政府	美国国家公园管理局
阿乌阿	美属萨摩亚群岛	州政府	海洋野生动物资源部
巴克湾国家野生动物保护区	弗吉尼亚州	联邦政府	美国鱼类及野生动物管理局
贝克岛国家野生动物保护区	美属太平洋群岛	联邦政府	美国鱼类及野生动物管理局
班登沼泽国家野生动物保护区	俄勒冈州	联邦政府	美国鱼类及野生动物管理局
伯特利海滩自然保护区	弗吉尼亚州	州政府	弗吉尼亚州然资源保护与利用署
大沼泽国家野生动物保护区	得克萨斯州	联邦政府	美国鱼类及野生动物管理局
大流沼泽国家野生动物保护区	路易斯安那州	联邦政府	美国鱼类及野生动物管理局
比格克里克州立海洋自然保护区	加利福尼亚州	州政府	加利福尼亚州渔猎部
比格克里克州立海洋保护区	加利福尼亚州	州政府	加利福尼亚州渔猎部
鸟岩重要生物领域州立海洋保护区	加利福尼亚州	州政府	华盛顿州鱼类及野生动物管理局
毕思肯国家公园	佛罗里达州	联邦政府	美国国家公园管理局

注意：“保护区面积”只包括海洋面积

设立年份	保护等级	主要保护重点	保护区面积（平方千米）
1990年	统一多用途	可持续生产能力	78.2
2002年	统一多用途	自然遗产	0.4
1973年	无影响	自然遗产	3.2
1980年	统一多用途	自然遗产	26 376.6
1984年	统一多用途	自然遗产	547.4
1963年	统一多用途	自然遗产	95.7
1974年	统一多用途	自然遗产	55.0
2007年	统一多用途	自然遗产	28.8
1937年	统一多用途	自然遗产	26.6
1960年	统一多用途	自然遗产	413.9
1990年	统一多用途	自然遗产	0.1
2007年	禁止捕捞	自然遗产	3.9
1965年	分区多用途	自然遗产	124.4
2003年	统一多用途	文化遗产	0.2
1938年	分区多用途	自然遗产	64.8
1974年	禁止进入	自然遗产	130.1
1983年	统一多用途	自然遗产	1.2
1991年	统一多用途	自然遗产	0.0
1983年	统一多用途	自然遗产	39.1
1994年	统一多用途	自然遗产	110.8
2007年	统一多用途	自然遗产	20.4
1994年	禁止捕捞	自然遗产	37.6
1974年	统一多用途	自然遗产	0.4
1968年	分区多用途	自然遗产	713.6

保护区名称	州	政府	管理机构
布莱克沃特国家野生动物保护区	马里兰州	联邦政府	美国鱼类及野生动物管理局
布雷克岛海底公园	华盛顿州	州政府	华盛顿州公园和娱乐委员会
布洛克岛国家野生动物保护区	罗德岛	联邦政府	美国鱼类及野生动物管理局
蓝蟹保护区	弗吉尼亚州	州政府	弗吉尼亚州海洋资源委员会
波迪加重要生物领域国家水质保护区	加利福尼亚州	州政府	加利福尼亚州水资源控制委员会
虎克国家野生动物保护区	特拉华州	联邦政府	美国鱼类及野生动物管理局
邦斯库国家野生动物保护区	亚拉巴马州	联邦政府	美国鱼类及野生动物管理局
布莱克特码头海岸保护区	华盛顿州	联邦政府&州政府	华盛顿州鱼类与野生动物管理局
布拉佐里亚国家野生动物保护区	得克萨斯州	联邦政府	美国鱼类及野生动物管理局
布雷顿国家野生动物保护区	路易斯安那州	联邦政府	美国鱼类及野生动物管理局
坎布里亚州立海洋自然保护区	加利福尼亚州	州政府	加利福尼亚州渔猎部
开普梅国家野生动物保护区	特拉华州	联邦政府	美国鱼类及野生动物管理局
罗曼角国家野生动物保护区	南卡罗来纳州	联邦政府	美国鱼类及野生动物管理局
卡梅尔湾重要生物领域国家水质保护区	加利福尼亚州	州政府	加利福尼亚州水资源控制委员会
卡梅尔湾州立海洋自然保护区	加利福尼亚州	州政府	加利福尼亚州渔猎部
卡梅尔尖峰石阵州立海洋保护区	加利福尼亚州	州政府	加利福尼亚州渔猎部
西达岛国家野生动植保护区	北卡罗来纳州	联邦政府	美国鱼类及野生动物管理局
喜达尔岛国家野生动植物保护区	佛罗里达州	联邦政府	美国鱼类及野生动物管理局
海峡群岛海洋保护区	加利福尼亚州	联邦政府	国家海洋保护区管理局
海峡群岛国家公园	加利福尼亚州	联邦政府	美国国家公园管理局
查萨霍维茨卡国家野生动物保护区	佛罗里达州	联邦政府	美国鱼类及野生动物管理局
切里波因特水生保护区	华盛顿州	州政府	华盛顿州鱼类与野生动物管理局
钦科蒂格国家野生动物保护区	弗吉尼亚州&马里兰州	联邦政府	美国鱼类及野生动物管理局
肯赛恩斯波因特国家野生动物保护区	纽约州	联邦政府	美国鱼类及野生动物管理局
科戴尔浅滩国家野生动物保护区	加利福尼亚州	联邦政府	国家海洋保护区管理局
鳄鱼湖国家野生动物保护区	佛罗里达州	联邦政府	美国鱼类及野生动物管理局
克洛斯岛国家野生动物保护区	缅因州	联邦政府	美国鱼类及野生动物管理局
水晶河国家野生动物保护区	佛罗里达州	联邦政府	美国鱼类及野生动物管理局
柯里塔克国家野生动物保护区	北卡罗来纳州	联邦政府	美国鱼类及野生动物管理局
赛普里斯岛水生保护区	华盛顿州	州政府	华盛顿州鱼类与野生动物管理局

续表

设立年份	保护等级	主要保护重点	保护区面积（平方千米）
1933年	统一多用途	自然遗产	0.0
1970年	统一多用途	自然遗产	0.5
1973年	统一多用途	自然遗产	0.3
1994年	统一多用途	可持续生产能力	2 447.5
1974年	统一多用途	自然遗产	0.6
1937年	统一多用途	自然遗产	85.7
1980年	统一多用途	自然遗产	28.4
1970年	禁止捕捞	自然遗产	0.2
1986年	统一多用途	自然遗产	63.4
1904年	统一多用途	自然遗产	70.2
2007年	统一多用途	自然遗产	16.2
1989年	统一多用途	自然遗产	73.3
1930年	统一多用途	自然遗产	119.2
1975年	统一多用途	自然遗产	6.4
1976年	统一多用途	自然遗产	5.5
2007年	禁止捕捞	自然遗产	1.4
1964年	统一多用途	自然遗产	68.0
1929年	统一多用途	自然遗产	3.4
1980年	分区多用途/禁止捕捞区	自然遗产	3 813.7
1938年	统一多用途	自然遗产	477.9
1943年	统一多用途	自然遗产	149.7
2000年	统一多用途	自然遗产	12.4
1943年	分区多用途	自然遗产	59.4
1971年	无影响	自然遗产	0.2
1989年	分区多用途	自然遗产	1 371.7
1980年	禁止进入	自然遗产	29.3
1980年	禁止捕捞	自然遗产	6.2
1983年	统一多用途	自然遗产	34.1
1984年	统一多用途	自然遗产	1.2
2000年	统一多用途	自然遗产	23.9

保护区名称	州	政府	管理机构
达默龙湿地自然保护区	弗吉尼亚州	州政府	弗吉尼亚州保护和娱乐署
欺骗海峡海底公园	华盛顿州	州政府	华盛顿州公园和娱乐委员会
德玛码头重要生物领域国家水质保护区	加利福尼亚州	州政府	加利福尼亚州水资源控制委员会
三角洲国家野生生态保护区	路易斯安那州	联邦政府	美国鱼类及野生动物管理局
唐·爱德华兹旧金山湾国家野生动物保护区	加利福尼亚州	联邦政府	美国鱼类及野生动物管理局
双点重要生物领域国家水质保护区	加利福尼亚州	州政府	加利福尼亚州水资源控制委员会
干龟国家公园	佛罗里达州	联邦政府	美国国家公园管理局
邓杰内斯国家野生动物保护区	华盛顿州	联邦政府	美国鱼类及野生动物管理局
达克斯伯里礁重要生物领域国家水质保护区	加利福尼亚州	州政府	加利福尼亚州水资源控制委员会
东峡岛国家野生动物保护区	马里兰州	联邦政府	美国鱼类及野生动物管理局
弗吉尼亚州东部海岸国家野生动物保护区	弗吉尼亚州	联邦政府	美国鱼类及野生动物管理局
爱德华·F.里基茨国家海洋保护区	加利福尼亚州	州政府	加利福尼亚州渔猎部
埃德温·B.福赛斯国家野生动物保护区	新泽西州	联邦政府	美国鱼类及野生动物管理局
埃尔克霍恩斯劳国家海洋自然保护区	加利福尼亚州	州政府	加利福尼亚州渔猎部
埃尔克霍恩斯劳国家海洋保护区	加利福尼亚州	州政府	加利福尼亚州渔猎部
大沼泽地国家公园	佛罗里达州	联邦政府	美国国家公园管理局
法嘎特勒湾国家海洋保护区	美属萨摩亚群岛	联邦政府	美国国家海洋保护区管理局
圣胡安岛错误湾海洋保护区	华盛顿州	州政府	华盛顿州鱼类及野生动物管理局
福尔斯角州立公园	弗吉尼亚州	州政府	弗吉尼亚州保护和娱乐署
费拉隆群岛重要生物领域国家水质保护区	加利福尼亚州	州政府	加利福尼亚州水资源控制委员会
法恩斯沃斯岸重要生物领域国家水质保护区	加利福尼亚州	州政府	加利福尼亚州水资源控制委员会
费瑟斯通国家野生动物保护区	弗吉尼亚州	联邦政府	美国鱼类及野生动物管理局
菲达尔戈湾水生保护区	华盛顿州	州政府	华盛顿州自然资源部
渔翁岛国家野生动物保护区	弗吉尼亚州	联邦政府	美国鱼类及野生动物管理局
佛罗里达群岛国家海洋保护区	佛罗里达州	联邦政府	美国国家海洋保护区管理局
花园海岸海洋保护区	得克萨斯州	联邦政府	美国国家海洋保护区管理局
圣胡安岛星期五港海洋保护区	华盛顿州	州政府	华盛顿州鱼类及野生动物管理局
格里·斯塔兹/斯特勒威根海岸国家海洋保护区	马萨诸塞州	联邦政府	美国国家海洋保护区管理局
格斯尔湾重要生物领域国家水质保护区	加利福尼亚州	州政府	加利福尼亚州水资源控制委员会
冰川湾国家公园和保护区	阿拉斯加州	联邦政府	美国国家公园管理局

续表

设立年份	保护等级	主要保护重点	保护区面积（平方千米）
1998年	统一多用途	自然遗产	0.1
1970年	统一多用途	自然遗产	0.4
1974年	统一多用途	自然遗产	0.2
1935年	统一多用途	自然遗产	206.1
1972年	统一多用途	自然遗产	34.7
1974年	统一多用途	自然遗产	0.4
1935年	分区多用途/禁止捕捞区	自然遗产	279.7
1915年	统一多用途	可持续生产能力	3.8
1974年	统一多用途	自然遗产	3.5
1962年	统一多用途	自然遗产	8.6
1984年	统一多用途	自然遗产	5.7
2007年	统一多用途	自然遗产	0.6
1939年	分区多用途/禁止捕捞区	自然遗产	276.8
2007年	统一多用途	自然遗产	0.2
1980年	禁止捕捞	自然遗产	3.9
1934年	分区多用途/禁止捕捞区	自然遗产	3 521.5
1986年	分区多用途/禁止捕捞区	自然遗产	0.7
1990年	统一多用途	自然遗产	1.2
1966年	统一多用途	自然遗产	15.7
1974年	统一多用途	自然遗产	46.2
1974年	统一多用途	自然遗产	0.2
1978年	统一多用途	自然遗产	1.3
2000年	统一多用途	自然遗产	2.8
1969年	统一多用途	自然遗产	6.8
1990年	分区多用途/禁止捕捞区	自然遗产	9 900.9
1992年	分区多用途	自然遗产	146.2
1990年	统一多用途	自然遗产	1.7
1992年	统一多用途	自然遗产	2 189.8
1974年	统一多用途	自然遗产	0.0
1925年	统一多用途	自然遗产	2 371.3

保护区名称	州	政府	管理机构
大海湾国家野生动物保护区	亚拉巴马州&密西西比州	联邦政府	美国鱼类及野生动物管理局
格雷斯港国家野生动物保护区	华盛顿州	联邦政府	美国鱼类及野生动物管理局
格雷海礁国家海洋保护区	佐治亚州	联邦政府	美国国家海洋保护区管理局
大湾国家野生动物保护区	新罕布什尔州	联邦政府	美国鱼类及野生动物管理局
大白鹭国家野生动物保护区	佛罗里达州	联邦政府	美国鱼类及野生动物管理局
灰狗岩国家海洋保护区	加利福尼亚州	州政府	加利福尼亚州渔猎部
关岛国家野生动物保护区	关岛	联邦政府	美国鱼类及野生动物管理局
瓜纳-特罗马特-马坦萨斯国家河口研究保护区	佛罗里达州	联邦政府&州政府	佛罗里达州环境保护部
法拉隆斯海湾国家海洋保护区	加利福尼亚州	联邦政府	美国国家海洋保护区管理局
恐龙湾海洋生物保护区	夏威夷州	联邦政府&州政府	夏威夷州国土资源部
哈罗海峡特殊管理渔业区	华盛顿州	州政府	华盛顿州鱼类及野生动物管理局
夏威夷座头鲸国家海洋保护区	夏威夷州	联邦政府	美国国家海洋保护区管理局
海斯勒公园重要生物领域国家水质保护区	加利福尼亚州	州政府	加利福尼亚州水资源控制委员会
豪兰岛国家野生动物保护区	美属太平洋群岛	联邦政府	美国鱼类及野生动物管理局
休利特波因特自然保护区	弗吉尼亚州	州政府	弗吉尼亚州保护和娱乐署
休伦湖国家野生动物保护区	密歇根州	联邦政府	美国鱼类及野生动物管理局
尔湾海岸重要生物领域国家水质保护区	加利福尼亚州	州政府	加利福尼亚州水资源控制委员会
岛湾国家野生动物保护区	佛罗里达州	联邦政府	美国鱼类及野生动物管理局
皇家岛国家公园	明尼苏达州&密歇根州	联邦政府	美国国家公园管理局
J. N. 丁达林国家野生动物保护区	佛罗里达州	联邦政府	美国鱼类及野生动物管理局
雅各·库斯托国家河口研究保护区	新泽西州	联邦政府&州政府	罗格斯大学海洋和沿海科学研究所
詹姆斯·V. 菲茨杰拉德海洋保护区	加利福尼亚州	州政府	加利福尼亚州水资源控制委员会
贾维斯岛国家野生动物保护区	美属太平洋群岛	联邦政府	美国鱼类及野生动物管理局
约翰·H. 查菲国家野生动物保护区	罗德岛	联邦政府	美国鱼类及野生动物管理局
约翰斯顿岛国家野生动物保护区	美属太平洋群岛	联邦政府	美国鱼类及野生动物管理局
朱格翰德乐湾重要生物领域国家水质保护区	加利福尼亚州	州政府	加利福尼亚州水资源控制委员会
朱莉娅·费弗·伯恩斯重要生物领域国家水质保护区	加利福尼亚州	州政府	加利福尼亚州水资源控制委员会
卡胡拉威岛保护区	夏威夷州	联邦政府&州政府	夏威夷州国土资源部

续表

设立年份	保护等级	主要保护重点	保护区面积（平方千米）
1992年	统一多用途	自然遗产	71.6
1990年	禁止捕捞	自然遗产	5.7
1981年	统一多用途	自然遗产	57.4
1992年	统一多用途	自然遗产	4.3
1938年	统一多用途	自然遗产	838.1
2007年	统一多用途	自然遗产	31.1
1993年	分区多用途/禁止捕捞区	自然遗产	121.8
1999年	统一多用途	自然遗产	262.0
1981年	分区多用途	自然遗产	3 327.0
1967年	无影响	自然遗产	0.4
1972年	统一多用途	可持续性生产力	52.6
1992年	统一多用途	自然遗产	3 555.0
1974年	统一多用途	自然遗产	0.1
1974年	禁止进入	自然遗产	139.9
1997年	统一多用途	自然遗产	0.0
1905年	统一多用途	自然遗产	0.6
1974年	统一多用途	自然遗产	3.8
1908年	禁止进入	自然遗产	0.1
1931年	统一多用途	自然遗产	2 223.1
1945年	分区多用途	自然遗产	32.9
1998年	统一多用途	自然遗产	450.5
1974年	统一多用途	自然遗产	2.1
1974年	禁止进入	自然遗产	152.8
1989年	统一多用途	自然遗产	3.8
1926年	禁止进入	自然遗产	278.5
1974年	统一多用途	自然遗产	0.8
1974年	统一多用途	自然遗产	7.1
1993年	分区多用途	文化遗产	202.9

保护区名称	州	政府	管理机构
基亚拉凯库亚湾海洋生物保护区	夏威夷州	州政府	夏威夷州国土资源部
基维斯特国家野生动物保护区	佛罗里达州	联邦政府	美国鱼类及野生动物管理局
国王山脉重要生物领域国家水质保护区	加利福尼亚州	州政府	加利福尼亚州水资源控制委员会
金曼礁国家野生动物保护区	美属太平洋群岛	联邦政府	美国鱼类及野生动物管理局
基普托佩克州立公园	弗吉尼亚州	州政府	弗吉尼亚州保护和娱乐署
拉霍亚重要生物领域国家水质保护区	加利福尼亚州	州政府	加利福尼亚州水资源控制委员会
拉古纳波因特至拉缇戈波因特重要生物领域国家水质保护区	加利福尼亚州	州政府	加利福尼亚州水资源控制委员会
路易斯与克拉克国家野生动物保护区	华盛顿州&俄勒冈州	联邦政府	美国鱼类及野生动物管理局
情人角国家海洋保护区	加利福尼亚州	州政府	加利福尼亚州渔猎部
萨旺尼河下游国家野生动物保护区	佛罗里达州	联邦政府	美国鱼类及野生动物管理局
麦基岛国家野生动物保护区	弗吉尼亚州&北卡罗来纳州	联邦政府	美国鱼类及野生动物管理局
马林岛国家野生动物保护区	加利福尼亚州	联邦政府	美国鱼类及野生动物管理局
马丁国家野生动物保护区	弗吉尼亚州	联邦政府	美国鱼类及野生动物管理局
马什皮国家野生动物保护区	马萨诸塞州	联邦政府	美国鱼类及野生动物管理局
马特拉查帕斯国家野生动物保护区	佛罗里达州	联邦政府	美国鱼类及野生动物管理局
莫里岛水生保护区	华盛顿州	州政府	华盛顿州鱼类及野生动物管理局
中途岛环礁国家野生动物保护区	夏威夷州	联邦政府	美国鱼类及野生动物管理局
月牙岛海洋生物保护区	夏威夷州	州政府	夏威夷州国土资源部
莫诺莫伊国家野生动物保护区	马萨诸塞州	联邦政府	美国鱼类及野生动物管理局
蒙特雷湾国家海洋保护区	加利福尼亚州	联邦政府	美国国家海洋保护区管理局
莫洛科众沼泽国家海洋保护区	加利福尼亚州	州政府	加利福尼亚州渔猎部
莫罗湾国家海洋休闲管理区	加利福尼亚州	州政府	加利福尼亚州渔猎部
莫罗湾国家海洋保护区	加利福尼亚州	州政府	加利福尼亚州渔猎部
礁岛鹿保护区	佛罗里达州	联邦政府	美国鱼类及野生动物管理局
天然石桥国家保护区	加利福尼亚州	州政府	加利福尼亚州渔猎部
斯图卡湾国家野生动物保护区	俄勒冈州	联邦政府	美国鱼类及野生动物管理局
尼尼格瑞特国家野生动物保护区	罗德岛	联邦政府	美国鱼类及野生动物管理局
尼斯阔利国家野生动物保护区	华盛顿州	联邦政府	美国鱼类及野生动物管理局

续表

设立年份	保护等级	主要保护重点	保护区面积（平方千米）
1969年	分区多用途/禁止捕捞区	自然遗产	1.2
1908年	统一多用途	自然遗产	863.8
1974年	统一多用途	自然遗产	101.5
2001年	禁止进入	自然遗产	1 968.0
1992年	统一多用途	自然遗产	2.0
1974年	统一多用途	自然遗产	1.8
1974年	统一多用途	自然遗产	48.0
1972年	统一多用途	可持续性生产力	105.5
2007年	禁止捕捞	自然遗产	0.8
1979年	统一多用途	自然遗产	341.3
1960年	统一多用途	自然遗产	29.9
1992年	禁止进入	自然遗产	1.9
1995年	统一多用途	自然遗产	16.9
1995年	禁止进入	自然遗产	26.1
1908年	禁止进入	自然遗产	2.3
2000年	统一多用途	自然遗产	22.4
1988年	统一多用途	自然遗产	2 365.3
1977年	分区多用途/禁止捕捞区	自然遗产	0.4
1944年	分区多用途	自然遗产	29.6
1992年	分区多用途	自然遗产	13 813.3
2007年	禁止捕捞	自然遗产	0.5
2007年	分区多用途	自然遗产	7.9
2007年	禁止捕捞	自然遗产	0.8
1954年	统一多用途	自然遗产	561.0
2007年	禁止捕捞	自然遗产	0.6
1991年	禁止进入	自然遗产	1.9
1970年	统一多用途	自然遗产	1.8
1974年	分区多用途/禁止捕捞区	自然遗产	7.3

保护区名称	州	政府	管理机构
美国国家海洋和大气管理局监控国家海洋保护区	北卡罗来纳州	联邦政府	美国国家海洋保护区管理局
诺曼斯地岛国家野生动物保护区	马萨诸塞州	联邦政府	美国鱼类及野生动物管理局
西北部圣卡塔利娜岛重要生物领域国家水质保护区	加利福尼亚州	州政府	加利福尼亚州水资源控制委员会
奥科宽湾国家野生动物保护区	弗吉尼亚州	联邦政府	美国鱼类及野生动物管理局
奥林匹克海岸国家海洋保护区	华盛顿州	联邦政府	美国国家海洋保护区管理局
奥查德洛克斯保护区	华盛顿州	州政府	华盛顿州鱼类及野生动物管理局
奥伊斯特贝国家野生动物保护区	纽约州	联邦政府	美国鱼类及野生动物管理局
太平洋丛林镇重要生物领域国家水质保护区	加利福尼亚州	州政府	加利福尼亚州水资源控制委员会
太平洋海洋花园国家海洋保护区	加利福尼亚州	州政府	加利福尼亚州渔猎部
巴尔米拉环礁国家野生动物保护区	美属太平洋群岛	联邦政府	美国鱼类及野生动物管理局
帕帕哈瑙莫夸基亚国家海洋保护区	夏威夷州	联邦政府&州政府	美国国家海洋保护区管理局
帕克河国家野生动物保护区	马萨诸塞州	联邦政府	美国鱼类及野生动物管理局
豌豆岛国家野生动物保护区	北卡罗来纳州	联邦政府	美国鱼类及野生动物管理局
鹈鹕岛国家野生生物保护区	佛罗里达州	联邦政府	美国鱼类及野生动物管理局
彼德拉斯布兰卡斯国家海洋自然保护区	加利福尼亚州	州政府	加利福尼亚州渔猎部
彼德拉斯布兰卡斯国家海洋保护区	加利福尼亚州	州政府	加利福尼亚州渔猎部
松树岛国家野生动物保护区	佛罗里达州	联邦政府	美国鱼类及野生动物管理局
皮内拉斯国家野生动物保护区	佛罗里达州	联邦政府	美国鱼类及野生动物管理局
梅花树岛国家野生动物保护区	弗吉尼亚州	联邦政府	美国鱼类及野生动物管理局
布常角国家海洋自然保护区	加利福尼亚州	州政府	加利福尼亚州渔猎部
布常角国家海洋保护区	加利福尼亚州	州政府	加利福尼亚州渔猎部
罗伯士角重要生物领域国家水质保护区	加利福尼亚州	州政府	加利福尼亚州水资源控制委员会
罗伯士角国家海洋自然保护区	加利福尼亚州	州政府	加利福尼亚州渔猎部
罗伯士角国家海洋保护区	加利福尼亚州	州政府	加利福尼亚州渔猎部
雷耶斯角岬重要生物领域国家水质保护区	加利福尼亚州	州政府	加利福尼亚州水资源控制委员会
雷耶斯角国家海滨	加利福尼亚州	联邦政府	美国国家公园管理局
苏尔角国家海洋自然保护区	加利福尼亚州	州政府	加利福尼亚州渔猎部
苏尔角国家海洋保护区	加利福尼亚州	州政府	加利福尼亚州渔猎部
庞德岛国家野生动物保护区	缅因州	联邦政府	美国鱼类及野生动物管理局

续表

设立年份	保护等级	主要保护重点	保护区面积（平方千米）
1975年	统一多用途	文化遗产限制	2.2
1970年	禁止进入	自然遗产	2.5
1974年	统一多用途	自然遗产	53.7
1973年	统一多用途	自然遗产	0.3
1994年	分区多用途	自然遗产	8 243.5
1998年	禁止捕捞	自然遗产	0.4
1968年	统一多用途	可持续性生产力	13.8
1974年	统一多用途	自然遗产	1.9
2007年	统一多用途	自然遗产	2.4
2001年	禁止进入	自然遗产	2 051.7
2006年	分区多用途/禁止捕捞区	自然遗产	363 686.7
1941年	统一多用途	自然遗产	25.8
1937年	统一多用途	自然遗产	18.8
1903年	统一多用途	自然遗产	24.2
2007年	统一多用途	自然遗产	22.9
2007年	禁止捕捞	自然遗产	27.1
1908年	禁止进入	自然遗产	1.9
1951年	禁止进入	自然遗产	1.6
1972年	分区多用途/禁止捕捞区	自然遗产	11.5
2007年	统一多用途	自然遗产	31.6
2007年	禁止捕捞	自然遗产	17.3
1974年	统一多用途	自然遗产	2.8
2007年	统一多用途	自然遗产	22.0
1973年	禁止捕捞	自然遗产	14.0
1974年	统一多用途	自然遗产	42
1962年	统一多用途	自然遗产	53.4
2007年	统一多用途	自然遗产	27.5
2007年	禁止捕捞	自然遗产	25.3
1973年	统一多用途	自然遗产	0.0

保护区名称	州	政府	管理机构
葡萄牙暗礁国家海洋保护区	加利福尼亚州	州政府	加利福尼亚州渔猎部
普瑞虎克国家野生动物保护区	特拉华州	联邦政府	美国鱼类及野生动物管理局
守卫岛国家野生动物保护区	华盛顿州	联邦政府	美国鱼类及野生动物管理局
普普科亚海洋生物保护区	夏威夷州	州政府	夏威夷国土资源部
蕾切卡·尔逊国际野生动物保护区	缅因州	联邦政府	美国鱼类及野生动物管理局
红杉国家公园重要生物领域国家水质保护区	加利福尼亚州	州政府	加利福尼亚州水资源控制委员会
罗伯特·E. 巴德姆重要生物领域国家水质保护区	加利福尼亚州	州政府	加利福尼亚州水资源控制委员会
卢克瑞湾国家河口研究保护区	佛罗里达州	联邦政府&州政府	佛罗里达州环境保护署
玫瑰环礁国家野生动物保护区	美属太平洋群岛	联邦政府	美国鱼类及野生动物管理局
萨宾国家野生动物保护区	路易斯安那州	联邦政府	美国鱼类及野生动物管理局
沙塞阿斯角国家野生动物保护区	罗德岛	联邦政府	美国鱼类及野生动物管理局
沙蒙克溪海岸重要生物领域国家水质保护区	加利福尼亚州	州政府	加利福尼亚州水资源控制委员会
圣伯纳德国家野生动物保护区	得克萨斯州	联邦政府	美国鱼类及野生动物管理局
圣克利门蒂岛重要生物领域国家水质保护区	加利福尼亚州	州政府	美国鱼类及野生动物管理局
圣迭戈-斯克里普斯重要生物领域国家水质保护区	加利福尼亚州	州政府	美国鱼类及野生动物管理局
圣胡安海峡和阿普莱特海峡特殊渔业管理区	华盛顿州	州政府	华盛顿州鱼类及野生动物管理局
圣米格尔、圣罗莎、圣克鲁斯重要生物领域国家水质保护区	加利福尼亚州	州政府	加利福尼亚州水资源控制委员会
圣尼古拉斯岛和贝格洛克国家水质保护区	加利福尼亚州	州政府	加利福尼亚州水资源控制委员会
圣巴勃罗湾国家野生动物保护区	加利福尼亚州	联邦政府	美国鱼类及野生动物管理局
圣巴巴拉和阿纳卡帕岛重要生物领域国家水质保护区	加利福尼亚州	州政府	加利福尼亚州水资源控制委员会
桑德斯重要生物领域国家水质保护区	加利福尼亚州	州政府	加利福尼亚州水资源控制委员会
自然保护区	弗吉尼亚州	州政府	弗吉尼亚州保护和娱乐署
希特克国家野生动物保护区	纽约州	联邦政府	美国鱼类及野生动物管理局
肖岛圣胡安群岛海洋保护区	华盛顿州	州政府	华盛顿州鱼类及野生动物管理局
谢尔群岛国家野生动物保护区	路易斯安那州	联邦政府	美国鱼类及野生动物管理局
斯乐茨湾国家野生动物保护区	俄勒冈州	联邦政府	美国鱼类及野生动物管理局
索克尔峡谷国家海洋保护区	加利福尼亚州	州政府	加利福尼亚州渔猎部

续表

设立年份	保护等级	主要保护重点	保护区面积（平方千米）
2007年	统一多用途	自然遗产	27.6
1963年	统一多用途	自然遗产	39.6
1982年	禁止进入	自然遗产	1.4
1983年	分区多用途/禁止捕捞区	自然遗产	0.7
1966年	统一多用途	自然遗产	35.6
1974年	统一多用途	自然遗产	253.7
1974年	统一多用途	自然遗产	0.9
1978年	统一多用途	自然遗产	378.5
1973年	禁止进入	自然遗产	158.5
1937年	统一多用途	自然遗产	581.2
1970年	统一多用途	自然遗产	1.0
1974年	统一多用途	自然遗产	5.9
1968年	分区多用途/禁止捕捞区	自然遗产	14.6
1974年	统一多用途	自然遗产	199.5
1974年	统一多用途	自然遗产	0.4
1972年	统一多用途	可持续性生产力限制	40.5
1974年	统一多用途	自然遗产	1 113.5
1974年	统一多用途	自然遗产	258.3
1974年	统一多用途	自然遗产	36.9
1974年	统一多用途	自然遗产	141.4
1974年	统一多用途	自然遗产	3.0
1999年	分区多用途	自然遗产	0.0
1968年	禁止进入	自然遗产	0.9
1990年	统一多用途	自然遗产	1.8
1907年	统一多用途	自然遗产	0.0
1991年	禁止进入	自然遗产	4.3
2007年	统一多用途	自然遗产	59.6

保护区名称	州	政府	管理机构
南普捷湾野生动物保护区	华盛顿州	州政府	华盛顿州鱼类及野生动物管理局
东南圣卡塔利娜岛重要生物领域国家水质保护区	加利福尼亚州	州政府	加利福尼亚州水资源控制委员会
圣马克斯野生动物保护区	佛罗里达州	联邦政府	美国鱼类及野生动物管理局
圣文森特国家野生动物保护区	佛罗里达州	联邦政府	美国鱼类及野生动物管理局
斯图亚特·B. 麦吉尼国家野生动物保护区	康涅狄格州	联邦政府	美国鱼类及野生动物管理局
桑德洛克自然保护区	华盛顿州	州政府	华盛顿州鱼类及野生动物管理局
苏帕瓦纳海藻国家野生动物保护区	新泽西州	联邦政府	美国鱼类及野生动物管理局
萨斯奎汉纳国家野生动物保护区	马里兰州	联邦政府	美国鱼类及野生动物管理局
斯旺阔特国家野生动物保护区	北卡罗来纳州	联邦政府	美国鱼类及野生动物管理局
甜水湿地国家野生动物保护区	加利福尼亚州	联邦政府	美国鱼类及野生动物管理局
塔吉特洛克国家野生动物保护区	纽约州	联邦政府	美国鱼类及野生动物管理局
万岛国家野生动物保护区	佛罗里达州	联邦政府	美国鱼类及野生动物管理局
雷湾国家海洋保护区和水下保护区	密歇根州	联邦政府	美国国家公园管理局
特立尼达汉德重要生物领域国家水质保护区	加利福尼亚州	州政府	加利福尼亚州水资源控制委员会
德潜艇U-1105黑豹历史沉船保护区	马里兰州	联邦政府 & 州政府	海军/圣玛丽斯县娱乐署及公园
范登堡国家海洋保护区	加利福尼亚州	州政府	加利福尼亚州渔猎部
维尔京群岛珊瑚礁国家保护区	美属维尔京群岛	联邦政府	美国国家公园管理局
维尔京群岛国家公园	美属维尔京群岛	联邦政府	美国国家公园管理局
卡莫国家野生动物保护区	南卡罗来纳州	联邦政府	美国国家公园管理局
瓦勒普斯岛国家野生动物保护区	弗吉尼亚州	联邦政府	美国鱼类及野生动物管理局
瓦克特湾国家河口研究保护区	马萨诸塞州	联邦政府 & 州政府	马萨诸塞州保护和娱乐署
沃特海姆国家野生动物保护区	纽约州	联邦政府	美国鱼类及野生动物管理局
夏威夷西部区域渔业管理区	夏威夷州	州政府	夏威夷国土资源部
西圣卡塔利娜岛重要生物领域国家水质保护区	加利福尼亚州	州政府	加利福尼亚州水资源控制委员会
白石镇（坎布里亚）国家海洋保护区	加利福尼亚州	州政府	加利福尼亚州渔猎部
威拉帕湾国家野生动物保护区	华盛顿州	联邦政府	美国鱼类及野生动物管理局
黄与低岛圣胡安岛海洋保护区	华盛顿州	州政府	华盛顿州鱼类及野生动物管理局
育空三角洲国家野生生态保护区	阿拉斯加州	联邦政府	美国鱼类及野生动物管理局
泽拉·M. 舒尔茨/守卫岛海鸟保护区	华盛顿州	联邦政府 & 州政府	华盛顿州鱼类及野生动物管理局

续表

设立年份	保护等级	主要保护重点	保护区面积（平方千米）
1988年	禁止进入	自然遗产	0.3
1974年	统一多用途	自然遗产	11.2
1931年	统一多用途	自然遗产	308.8
1968年	统一多用途	自然遗产	49.4
1985年	统一多用途	自然遗产	4.5
1994年	禁止捕捞	自然遗产	0.3
1934年	统一多用途	自然遗产	17.9
1939年	统一多用途	自然遗产	0.0
1932年	统一多用途	自然遗产	67.1
1988年	禁止捕捞	自然遗产	0.0
1967年	统一多用途	自然遗产	0.3
1996年	统一多用途	自然遗产	141.5
2000年	分区多用途	文化遗产	1 160.0
1974年	统一多用途	自然遗产	1.2
1993年	统一多用途	文化遗产	0.1
1994年	禁止捕捞	自然遗产	85.3
2001年	分区多用途	自然遗产	51.8
1956年	分区多用途/禁止捕捞区	自然遗产	22.9
1997年	统一多用途	自然遗产	213.4
1971年	统一多用途	自然遗产	26.0
1988年	统一多用途	自然遗产	11.5
1947年	统一多用途	自然遗产	11.6
1999年	分区多用途	可持续性生产力	160.5
1974年	统一多用途	自然遗产	9.1
2007年	统一多用途	自然遗产	7.7
1936年	统一多用途	可持续性生产力	19.8
1990年	统一多用途	自然遗产	0.8
1980年	统一多用途	自然遗产	11 688.1
1975年	禁止进入	自然遗产	0.0

海洋保护目标进展评估图

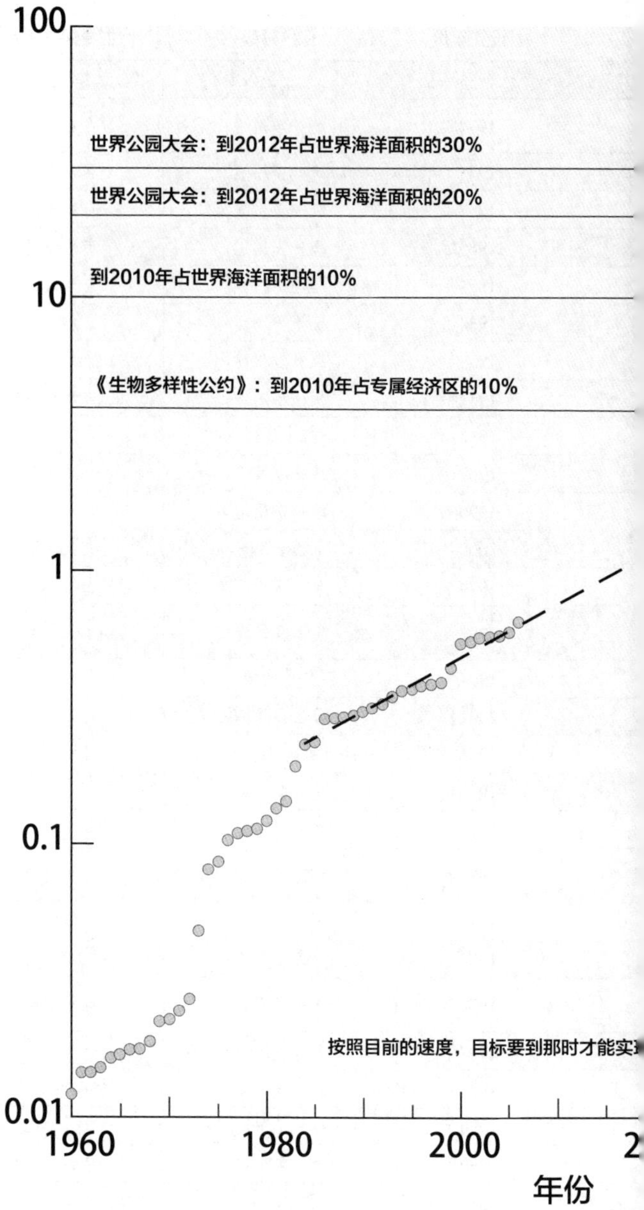

100
世界公园大会：到2012年占世界海洋面积的30%
世界公园大会：到2012年占世界海洋面积的20%
到2010年占世界海洋面积的10%
10
《生物多样性公约》：到2010年占专属经济区的10%
1
0.1
按照目前的速度，目标要到那时才能实
0.01
1960
1980
2000
年份

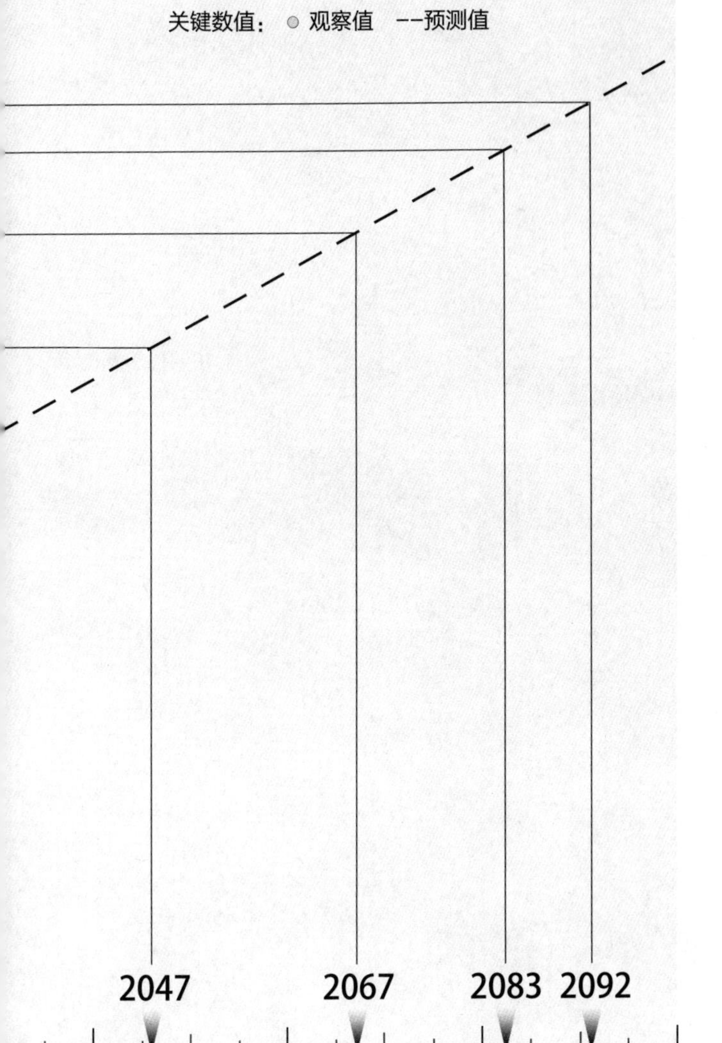

资料来源：路易莎·J. 伍德、露西·菲什、约什·劳伦和丹尼尔·保利，（2008）评估全球海洋保护目标的进展：信息与行动不足。《自然保护国际期刊》42(3):340-351

参考文献

Alverson, Dayton L., Mark H. Freeberg, Steven A. Murawski, and J. G. Pope. "A Global Assessment of Fisheries Bycatch and Discards." FAO Technical Paper 339, Food and Agriculture Organization of the United Nations, 1994.

Andrews, Kenneth R. *Trade, Plunder and Settlement: Maritime Enterprise and the Genesis of the British Empire, 1480-1630.* Cambridge University Press, 1984.

Angel, Martin V. "Biodiversity of the Pelagic Ocean." *Conservation Biology* (December 1993), 760-772.

Anrady, A. L. "Plastics and their impacts in the marine environment." In *Proceedings of the International Marine Debris Conference on Derelict fishing Gear and the Ocean Environment, August 6-11, Honolulu, Hawaii,* 2000.

Anrandy, Anthony L., ed. *Plastics and the Environment.* John Wiley and Sons, 2003.

Baird, Rachel J. *Aspects of Illegal, Unreported and Unregulated Fishing in the Southern Ocean.* Springer, 2006.

Bakun, A. *Patterns in the Ocean: Ocean Processes and Marine Population Dynamics.* University of California Sea Grant, San Diego, California, in cooperation with Centro de Investigaciones Biológicas de Noroeste, La Paz, Baja California Sur, Mexico, 1996.

Balog, James. *Extreme Ice Now: Vanishing Glaciers and Changing Climate: A Progress Report.* National Geographic Society, 2009.

Baum, Julia K., and Ransom A. Myers. "Shifting baseline and the decline of pelagic sharks in the Gulf of Mexico." *Ecology Letters* (2004), 135-145.

Beebe, William. *Half Mile Down.* Harcourt, Brace and Company, 1934.

Bigg, Grant R. *The Oceans and Climate.* Cambridge University Press, 1996.

Blankenship, K. "Large Sanctuaries Urged for Recovery of Wild Oyster Population." *Chesapeake Bay Journal* (April 3, 2009). Available online at *http://www.bayjournal.com/article.cfm?article=3561*

Blatt, Harvey. *America's Food: What You Don't Know About What You Eat.* MIT Press, 2008.

Block, Barbara A., and E. Donald Stevens, eds. *Tuna: Physiology, Ecology, and Evolution.* Academic Press, 2001.

Block, Barbara A., et al. "Electronic Tagging and Population Structure of Atlantic Bluefin Tuna." *Nature* (April 28, 2005), 1121-1127.

Boersma, P. Dee, and Julia K. Parrish. "Limiting Abuse: Marine Protected Areas, a Limited Solution." *Ecological Economics* (November 1999), 287-304.

Borgese, Elisabeth Mann. *Seafarm: the Story of Aquaculture.* Harry N. Abrams, 1980.

Botsford, Louis W., Juan Carlos Castilla, and Charles H. Peterson. "The Management of Fisheries and Marine Ecosystems. *Science* (July 25,

1997), 509-515.

Brander, K. M. “Global Fish Production and Climate Change” (Climate Change and Food Security Special Feature). *Proceedings of the National Academy of Sciences* (December 11, 2007), 19709-19714.

Bromley, Daniel W. *Environment and Economy: Property Rights and Public Policy.* Basil Blackwell, 1991.

Brown, Lester R. *Plan B 3.0: Mobilizing to Save Civilization.* W. W. Norton and Company, 2008.

Burroughs, William, ed. *Climate: Into the 21st Century.* Cambridge University Press, 2003.

Carey, F. G. “Fishes with warm bodies.” *Scientific American* (February 1973), 36-44.

Carr, Archie. *The Windward Road: Adventures of a Naturalist on Remote Caribbean Shores.* Alfred A. Knopf, 1956.

Carson, Rachel. *Lost Woods: The Discovered Writing of Rachel Carson.* Beacon Press, 1998.

———. *The Sea Around Us.* Oxford University Press, 1951.

Clark, Colin W. “The Economics of Overexploitation.” Science (August 17, 1973), 630-634.

Clover, Charles. *The End of the Line: How Overfishing Is Changing the World and What We Eat.* New Press, 2006.

Colborn, Theo, Dianne Dumanoski, and John Peter Meyers. *Our Stolen Future: Are We Threatening Our Fertility, Intelligence, and Survival?—A Scientific Detective Story.* Plume, 1997.

Convention on Biological Diversity. *Decisions Adopted by the Conference of the Parties to the Convention on Biological Diversity at Its Ninth Meeting (Decision XI/20, Annexes I-III).* Convention on Biological

Diversity, 2008.
Costello, Christopher, Steven D. Gaines, and John Lynham. "Can Catch Shares Prevent Fisheries Collapse?" *Science* (September 19, 2008), 1678-1681.
Cunningham, J. T. *The Natural History of the Marketable Marine Fishes of the British Islands.* Macmillan and Company, 1896.
Cushing, D. H. *The Provident Sea.* Cambridge University Press, 1988.
Daskalov, Georgi M., et al. "Trophic Cascades Triggered by Overfishing Reveal Possible Mechanisms of Ecosystem Regime Shifts." *Proceedings of the National Academy of Sciences* (June 19, 2007), 10518-10523.
Diamond, Jared. *Collapse: How Societies Choose to Fail or Succeed.* Penguin Books, 2005.
Diamond, Sandra L. "Bycatch Quotas in the Gulf of Mexico Shrimp Trawl Fishery: Can They Work?" *Reviews in Fish Biology and Fisheries* (June 2004), 207-237.
Dukes, J. "Burning Buried Sunshine: Human Consumption of Ancient Solar Energy," *Climatic Change* (2003), 31-44.
Earle, Sylvia A. *Lessons from History's Biggest Oil Spill.* Cosmos Club, 1992.
———. *Sea Change: A Message of the Oceans.* G.P. Putnam's Sons, 1995.
———. "The Search for Sustainable Seas." In *Fish, Aquaculture and Food Security: Sustaining Fish as a Food Supply,* ed. A. G. Brown. Record of a conference conducted by the ATSE Crawford Fund, Parliament House, Canberra, 2004, 13-19.
Earle, Sylvia A., and Al Giddings. *Exploring the Deep Frontier: The Adventure of Man in the Sea.* National Geographic Society, 1980.
Earle, Sylvia A., and Linda K. Glover. *Ocean, An Illustrated Atlas.* National Geographic Society, 2009.

Earle, Sylvia A., and Wolcott Henry. *Wild Ocean: America's Parks Under the Sea.* National Geographic Society, 1999.

Ellis, Richard. *Tuna: A Love Story.* Alfred A. Knopf, 2008.

Ellis, Richard, and John E. McCosker. *Great White Shark.* Stanford University Press, 1995.

Ernst, Howard R. *Chesapeake Bay Blues: Science, Politics, and the Struggle to Save the Bay.* Rowman and Littlefield, 2003.

Estes, James A., et al., eds. *Whales, Whaling, and Ocean Ecosystems.* University of California Press, 2007.

Fackler, Martin. "Waiter, There's Deer in My Sushi." *New York Times,* June 25, 2007.

Flannery, Tim. *The Weather Makers: How Man Is Changing the Climate and What It Means for Life on Earth.* Atlantic Monthly Press, 2006.

Food and Agriculture Organization of the United Nations Fisheries Department. *The State of the World Fisheries and Aquaculture.* Rome. FAO United Nations, 1995.

Francis, Daniel. *The Great Chase: A History of World Whaling.* Penguin Books, 1991.

Franklin, H. Bruce. *The Most Important Fish in the Sea.* Island Press, 2007.

Friedman, Thomas L. *Hot, Flat, and Crowded: Why We Need a Green Revolution and How It Can Renew America.* Farrar, Straus, and Giroux, 2008.

Game, Edward T., et al. "Pelagic Protected Areas: The Missing Dimension in Ocean Conservation." *Trends in Ecology and Evolution* (July 2009), 360-369.

Garstang, W. 1900. "The Impoverishment of the Sea." *Journal of the Marine Biological Association of the United Kingdom* (June 27, 2005), 1-69.

Glover, Linda K., and Sylvia A. Earle, eds. *Defying Oceans End: An Agenda for Action.* Island Press, 2004.

Grescoe, Taras. *Bottomfeeder: How to Eat Ethically in a World of Vanishing Seafood.* Bloomsbury, 2008.

Guinotte, John, and Victoria J. Fabry. "The Threat of Acidification to Ocean Ecosystems." *Current: The Journal of Marine Education* (2009), 2-7.

Halpern, Benjamin S., et al. "A Global Map of Human Impacts on Marine Ecosystems." *Science* (February 15, 2008), 948-952.

Hannesson, R. *Bioeconomic Analysis of Fisheries: An FAO Fishing Manual.* Wiley-Blackwell, 1993.

Hardin, Garrett. "The Tragedy of the Commons." *Science* (1968), 1243-1248.

Hardin, Garrett, ed. *Managing the Commons.* W. H. Freeman and Company, 1977.

Hassol, Susan Joy. *Impacts of a Warming Arctic—Arctic Climate Impact Assessment.* Cambridge University Press, 2004.

Hays, Graeme C., Anthony J. Richardson, and Carol Robinson. "Climate Change and Marine Plankton." *Trends in Ecology and Evolution* (June 1, 2005), 337-344.

Helvarg, David. *Blue Frontier: Dispatches from America's Ocean Wilderness.* Sierra Club Books, 2006.

———. *Blue Frontier: Saving America's Living Seas.* W. H. Freeman, 2001.

———. *50 Ways to Save the Ocean.* New World Library, 2006.

Herrick, Francis H. "The American Lobster: A Study of Its Habits and Development." *Bulletin of the U. S. Fisheries Commission* (1896), 1-252.

Heyerdahl, Th or. *The Ra Expeditions.* Doubleday, 1971.

Holt, Sidney J., and Lee M. Talbot. "New Principles for the Conservation of Wild Living Resources." *Wildlife Monographs* (April 1978) 3-33.

Hooker, Sascha K., and Leah R. Gerber. "Marine Reserves as a Tool for Ecosystem-Based Management: The Potential Importance of Megafauna." *BioScience* (January 2004), 27-39.

Hutchings, P. "Review of the Effects of Trawling on Macrobenthic Epifaunal Communities." *Australian Journal of Marine and Freshwater Research* (1990), 111-120.

Innis, Harold A. *The Cod Fisheries: The History of an International Economy.* University of Toronto Press, 1954.

International Union for Conservation of Nature. *Protected Areas of the World: A Review of National Systems, vol. 1- 4.* IUCN, 1991-1992.

International Union for Conservation of Nature-World Conservation Union, UN Environment Programme, and World Wide Fund for Nature. *Caring for the Earth: A Strategy for Sustainable Living.* IUCN, 1991.

Iudicello, Suzanne, Michael L. Weber, and Robert Wieland. *Fish, Markets, and Fishermen: The Economics of Overfishing.* Island Press, 1999.

Jackson, Jeremy B. C., et al. "Historical Overfishing and the Recent Collapse of Coastal Ecosystems." *Science* (July 27, 2001), 629-637.

Jones, Van. *The Green Collar Economy: How One Solution Can Solve Our Two Biggest Problems.* HarperOne, 2008.

Joseph, James, Witold Klawe, and Pat Murphy. *Tuna and Billfish: Fish Without a Country.* Inter-American Tropical Tuna Commission, 1998.

Kelleher, Graeme, ed. *Guidelines for Marine Protected Areas.* IUCN World Commission on Protected Areas, 1999.

Klingel, Gilbert. *The Bay.* The John Hopkins University Press, 1951.

Knecht, G. Bruce. *Hooked: Pirates, Poaching and the Perfect Fish.* Rodale, 2006.

Kurlansky, Mark. 2006. *The Big Oyster: History on the Half Shell.* Ballentine, 2006.

———. *Cod: A Biography of the Fish That Changed the World.* Alfred A. Knopf, 1997.

Kurzweil, Ray. *The Singularity Is Near: When Humans Transcend Biology.* Viking, 2005.

Larkin, P. A. "An Epitaph for the Concept of Maximum Sustainable Yield." *Transactions of the American Fisheries Society* (January 1977), 1-11.

Leopold, Aldo. *A Sand County Almanac: With Other Essays on Conservation From Round River.* Oxford University Press, 1966.

Lewison, R. L., et al. "Quantifying the Effects of Fisheries on Threatened Species: The Impact of Pelagic Longlines on Loggerhead and Leatherback Sea Turtles." *Ecology Letters* (March 2004), 221-231.

Lovelock, James. *Gaia: A New Look At Life on Earth.* Oxford University Press, 1979.

———. *The Revenge of Gaia.* Penguin Books, 2006.

Lubchenco, Jane, Stephen R. Palumbi, Steven D. Gaines, and Sandy Andelman. "Plugging a Hole in the Ocean: The Emerging Science of Marine Reserves." *Ecological Applications* (2003), S3-S7.

Lubchenco, J., et al. *The Science Marine Reserves,* 2nd ed. Partnership for Interdisciplinary Studies of Coastal Oceans, 2007.

Lynas, Mark. *Six Degrees: Our Future on a Hotter Planet.* National Geographic Society, 2008.

Macinko, Seth, and Daniel W. Bromley. *Who Owns America's Fisheries?* Island Press, 2002.

MacCracken, Michael C., et al., eds. *Prospects for Future Climate: A Special U.S./U.S.S.R. Report on Climate and Climate Change.* Lewis Publishers, 1990.

Mann, Charles C. 1491: *New Revelations of the Americas Before Columbus.* Alfred A. Knopf, 2005.

Matteson, George. *Draggermen: Fishing on Georges Bank.* Four Winds Press, 1979.

Matthiessen, Peter. *Blue Meridian: The Search for the Great White Shark.* Random House, New York, 1971.

McDonald, Bernadette, and Douglas Jehl, eds. *Whose Water Is It? The Unquenchable Thirst of a Water-Hungry World.* National Geographic Society, 2003.

McGowan, J. A. "The Role of Oceans in Climate Change and the Ecosystem Effects of Change." In *Proceedings of the National Forum on Ocean Conservation,* 1991.

McIntosh, William Carmichael, and Arthur Thomas Masterman. *The Life-Histories of the British Marine Food-Fishes.* London, C. J. Clay and Sons, 1897.

McKibben, Bill. *The End of Nature.* Random House, 1989.

Melville, Herman. *Moby-Dick.* Richard Bentley, 1851.

Metz, Bert, et al., eds. *IPCC Special Report on Carbon Dioxide Capture and Storage: Summary for Policymakers and Technical Summary.* Cambridge University Press, 2005.

Miller, Kathleen A. "Climate Variability and Tropical Tuna: Management Challenges for Highly Migratory Fish Stocks." *Marine Policy* (January 2007), 56-70.

Moore, Charles J., Shelly L. Moore, Molly K. Leecaster, and Stephen B. Weisberg. "A Comparison of Plastic and Plankton in the North Pacific Central Gyre." *Marine Pollution Bulletin* (December 2001), 1297-1300.

Murphy, Dallas. *To Follow the Water: Exploring the Ocean to Discover*

Climate. Basic Books, 2007.

Myers, Ransom A., and Boris Worm. "Rapid Worldwide Depletion of Predatory Fish Communities." *Nature* (May 15, 2003), 280-283.

National Research Council. *An Assessment of Atlantic Bluefin Tuna.* National Academy Press, 1994.

———. *Conserving Biodiversity: A Research Agenda for Development Agencies.* National Academy Press, 1992.

———. *A Decade of International Climate Research: The First Ten Years of the World Climate Research Program.* National Academy Press, 1992.

———. *Oceanography in the Next Decade: Building New Partnerships.* National Academy Press, 1992.

———. *Sea-Level Change.* National Academy Press, 1990.

———. *Sustaining Marine Fisheries.* National Academy Press, 1999.

Norse, E. "Pelagic Protected Areas: The Greatest Park Challenge of the 21st Century." *Parks* (2006), 33-40.

Ocean Conservancy. *A Rising Tide of Ocean Debris and What We Can Do About It.* Ocean Conservancy, 2009.

Office of Technology Assessment. *Changing by Degrees: Steps to Reduce Greenhouse Gases.* U.S. Government Printing Office, 1991.

Ostrum, Elinor. *Governing the Commons: The Evolution of Institutions for Collective Action.* Cambridge University Press, 1990.

Ostrum, E. "The Rudiments of a Theory of the Origins, Survival, and Performance of Common Property Institutions." In *Making the Commons Work: Theory, Practice and Policy,* ed. Daniel W. Bromley. ICS Press, 1992.

Pacala, S., and R. Socolow. 2004. "Stabilization Wedges: Solving the Climate Problem for the Next 50 Years With Current Technologies."

Science (August 13, 2004), 968-972.

Parsons, E. C. M., et al. "It's Not Just Poor Science—Japan's 'Scientific' Whaling May Be a Human Health Risk, Too." *Marine Pollution Bulletin* (September 2006), 1118-1120.

Pauly, Daniel, and Jay MacLean. *In a Perfect Ocean. The State of Fisheries and Ecosystems in the North Atlantic Ocean.* Island Press, 2003.

Pauly, Daniel, et al. "Towards Sustainability in World Fisheries." *Nature* (August 8, 2002), 689-695.

Reid, T. R. "The Great Tokyo Fish Market: Tsukiji." *National Geographic* (November 1995), 38-55.

Roberts, Callum M. "Effects of Fishing on the Ecosystem Structure of Coral Reefs." *Conservation Biology* (1995), 988-995.

———. *The Unnatural History of the Sea.* Island Press, 2007.

Roberts, Callum M., Julie P. Hawkins, and Fiona R. Gell. "The Role of Marine Reserves in Achieving Sustainable Fisheries." *Philosophical Transactions of the Royal Society: Biological Sciences* (2005), 123-132.

Rose, George A. "Cod spawning on a migration highway in the Northwest Atlantic." *Nature* (December 2, 1993), 458-461.

Rounsefell, George A., and W. Harry Everhart. *Fishery Science: Its Methods and Applications.* John Wiley and Sons, 1953.

Rozwadowski, Helen M. Fathoming the Ocean: *The Discovery and Exploration of the Deep Sea.* Harvard University Press, 2005.

Russell, E. S. *The Overfishing Problem.* Cambridge University Press, 1942.

Russell, Dick. *Striper Wars: An American Fish Story.* Island Press, 2005.

Safina, Carl. *Song for the Blue Ocean.* Henry Holt, 1997.

Sibert, John, John Hampton, Pierre Kleiber, and Mark Maunder. "Biomass, Size, and Trophic Status of Top Predators in the Pacific Ocean." *Science*

(December 15, 2006), 1773-1776.

Simmons, Matthew R. *Twilight in the Desert: The Coming Saudi Oil Shock and the World Economy.* John Wiley and Sons, 2005.

Sobel, Jack, and Craig Dahlgren. *Marine Reserves: A Guide to Science, Design and Use.* Island Press, 2004.

Steneck, Robert S. "Human Influences on Coastal Ecosystems: Does Overfishing Create Trophic Cascades?" *Trends in Ecology and Evolution* (November 1, 1998), 429-430.

Steneck, Robert S., et al. "Kelp Forest Ecosystems: Biodiversity, Stability, Resilience and Future." *Environmental Conservation* (2002), 436-459.

Stolzenburg, William. *Where the Wild Things Were: Life, Death, and Ecological Wreckage in a Land of Vanishing Predators.* Bloomsbury Publishing, 2008.

Sumaila, Ussif Rashid, et al. "Potential Costs and Benefits of Marine Reserves in the High Seas." *Marine Biological Progress Series* (2007), 305-310.

Sutherland, W. J., et al. "One Hundred Questions of Importance to the Conservation of Global Biological Diversity." *Conservation Biology* (June 2009), 557-567.

Taylor, Harden F. *Survey of Marine Fisheries of North Carolina.* University of North Carolina Press, 1951.

Thompson, R. C., et al. "Lost at Sea. Where Is All the Plastic?" *Science* (May 7, 2004), 838.

Troubled Waters: A Special Report on the Sea. *The Economist* (December 30, 2008), 1-16.

United Nations World Commission on Environment and Development. *Our Common Future: Annex to General Assembly Document A/42/427.*

United Nations, 1987.

Verity, Peter G., Victor Smetacek, and Theodore J. Smayda. "Status, Trends and the Future of the Marine Pelagic Ecosystem." *Environmental Conservation* (2002), 207-237.

Walford, Lionel A., ed. *Fishery Resources of the United States.* U.S. Fish and Wildlife Service. 1945.

Warner, William W. *Distant Water: The Fate of the North Atlantic Fisherman.* Little, Brown and Company, 1977.

Weisman, Alan. *The World Without Us.* St. Martins Press, 2007.

Wilson, Edward O. *The Creation: An Appeal to Save Life on Earth.* W. W. Norton and Company, 2006.

———. *The Diversity of Life.* Harvard University Press, 1992.

———. *The Future of Life.* Alfred A. Knopf, 2002.

Wood, Louisa J., Lucy Fish, Josh Laughren, and Daniel Pauly. "Assessing Progress Towards Global Marine Protection Targets: Shortfalls in Information and Action." *Oryx* (July 2008), 340-351.

Worm, Boris, et al. "Impacts of Biodiversity Loss on Ocean Ecosystem Services." *Science* (November 3, 2006), 787-790.

Worm, Boris, Heike K. Lotze, and Ransom A. Myers. "Predator Diversity Hotspots in the Blue Ocean." *Proceedings of the National Academy of Sciences* (August 19, 2003), 9884-9888.

Whynott, Douglas. *Giant Bluefin.* Farrar, Straus, and Giroux, 1995.

Yergin, D. *The Prize: The Epic Quest for Oil, Money, and Power.* Simon and Schuster, 1991.

Zaradic, Patricia, and Oliver R.W. Pergams. "Videophilia: Implications for Childhood Development and Conservation." *Journal of Developmental Processes* (Spring 2007), 130-144.

网站链接

宝瓶宫：世界上唯一的海底研究中心

隶属于美国国家海洋和大气管理局，科学家可以待在实验室长达十天。

http://www.uncw.edu/aquarius/about/about.htm

北极航道

网站里的文章、照片和地图补充了NOVA项目里富兰克林和阿蒙森西北航道的探险经历以及他俩不同的探险结果。

http://www.pbs.org/wgbh/nova/arctic/

波弗特流涡勘探项目

科学家们正在研究淡水的积聚和释放机制以及其在气候变率中的作用。

http://www.whoi.edu/beaufortgyre/background.html

蓝色边境

记载可持续海洋探险项目，这是国家地理学会与美国国家海洋和大气管理局共同开展的项目，旨在探索美国国家海洋保护区。

http://www.nationalgeographic.com/seas。

海洋生物普查

来自80多个国家的科学家组成的科学网络，这些科学家正在评估并尝试解释海洋过去、现在和未来生物的多样性及其分布范围和丰富程度。

http://www.coml.org/

海洋海岸测绘中心联合水文中心

新罕布什尔大学管理的国家海洋测绘和水文科学专业中心。

http://www.ccom-jhc.unh.edu/

珊瑚礁联盟

一个致力于增进人类对珊瑚礁及其独特生态系统的认识和兴趣，防止珊瑚礁进一步衰退的国际组织。

http://www.coral.org/

珊瑚礁保护项目

美国国家海洋和大气管理局珊瑚礁保护项目，旨在为保护、修复和维持珊瑚礁生态系统提供科学和管理支持。

http://coralreef.noaa.gov/

深海探险

它的使命是通过科学研究和冒险活动让世人了解深海。

http://www.deepoceanexpeditions. com/index.html

地球观测站

提供美国国家航空航天局科学家发现的图像和信息，包括卫星图像、气候模型以及实地研究。

http://earthobservatory.nasa.gov/

环境保护基金海鲜选择器

帮助消费者在吃海鲜时做出明智的选择。

http://www.edf.org/page.cfm?tagID=1521

谷歌地球

使用谷歌地球最新功能探索海洋。

http://earth.google.com/ocean/

法国海洋开发研究院

该研究院用船队和水下船只监测海洋，有助于了解海洋及海洋资源。

http://www.ifremer.fr/anglais/institut/missions.htm

国际北极浮标计划

来自部署在北冰洋的漂流浮标网络的信息，以便实时追踪气象和海洋信息。

http://iabp.apl.washington.edu/

世界自然保护联盟

历史最悠久、规模最大的全球性组织，致力于为环境和发展问题寻求解决方案。

http://www.iucn.org/about/

国际捕鲸委员会

该组织的成立旨在保护世界鲸鱼种群。

http://www.iwcoffice.org/

美国海洋保护区

提供有关海洋保护区的详细信息，包括地图。

http://mpa.gov/

麦克默多站

1955年建成，是最大的南极考察站，也是美国南极计划的管理中心。

http://www.nsf.gov/od/opp/support/mcmurdo.jsp

美国国家航空航天局/戈达德太空飞行中心科学可视化工作室：全球旋转画面显示季节性土地覆盖和北极海冰

全方位的地球转动动画，显示土地覆盖和北极海冰随时间推移的变化。

http://svs.gsfc.nasa.gov/vis/a000000/a003400/a003404/

美国国家航空航天局/戈达德太空飞行中心科学可视化工作室：北太平洋海洋观测宽视场传感器生物圈数据

基于1997年以来海洋水色卫星收集的信息制作的动画，包括光合作用和环境碳测量。

http://svs.gsfc.nasa.gov/vis/a000000/a003400/a003471/

美国国家地理：动物

世界各地不同物种的信息数据库。

http://animals.nationalgeographic.com/

美国国家海洋保护区

来自美国国家海洋和大气管理局关于国家海洋保护区的信息。

http://sanctuaries.noaa.gov/

美国国家冰雪数据中心

该中心是科罗拉多大学博尔德分校环境科学合作研究所的一部分，旨在收集和传播有关世界冰冻领域的科学数据。

http://nsidc.org/about/expertise/overview.html

大自然保护协会：珊瑚礁

从国际公认的促进地球生命多样性的组织处获取珊瑚礁信息。

http://www.nature.org/joinanddonate/rescuereef/

海洋探索者

美国国家海洋和大气管理局的计划，旨在通过新发现激发人们对海洋的兴趣。

http://www.oceanexplorer.noaa.gov/

海洋环境保护组织

旨在保护海洋的国际组织。

http://oceana.org/north-america/home/

太平洋海洋环境实验室

美国国家海洋和大气管理局的一部分，对大气和海洋过程进行科学研究。

http://www.pmel.noaa.gov/

长寿物种的全球副渔获物评估

一个分析海洋哺乳动物、海鸟和海龟副渔获物信息的组织。

http://bycatch.env.duke.edu/species

印度珊瑚礁

美国国家海洋学研究所管理的一个场地，展示了在印度进行的珊瑚礁研究。

http://reefindia.org

海山在线

收集2001年以来海底山脉附近的生物学信息。

http:// pacific.sdsc.edu/seamounts/

可持续海洋探险/蒙特雷湾

蒙特雷湾国家海事保护区的互动网站。

http://www.nationalgeographic.com/monterey/ax/primary_fs.html

生命之树网络项目

来自世界各地的爱好者和科学家共同努力提供有关生物多样性、进化史和许多不同生物物种特征的信息。

http://www.tolweb.org/tree/

联合国海洋地图集

为公众、科学家和政策制定者提供海洋问题信息的地图集。

http://www.oceansatlas.org/index.jsp

美国地质勘探局水资源信息

美国地质勘探局网站提供关于水的信息，包括各州的水资源信息，目的是为了造福美国公民。

http://water.usgs.gov/

美国地质勘探局水科学校园版

一种教学工具，为教育工作者提供有关水主题的信息。

http://ga.water.usgs.gov/edu/

深海海底火山考察

美国国家海洋和大气管理局的计划，旨在监测海洋中的火山和热液喷发。

http://www.pmel.noaa.gov/vents/index.html

风：从太空测量海风

美国国家航空航天局喷气推进实验室用雷达跟踪世界海洋的风和天气模式，同时监测冰川融化。

http://winds.jpl.nasa.gov/

伍兹霍尔海洋研究所

最大的私营非营利性海洋研究所，同时也是教育和工程机构。

http://www.whoi.edu/

世界海洋物种目录

世界海洋物种目录数据库正竭力提供全面、权威的海洋物种清单。

http://www.marinespecies.org/about.php